CONTRIBUTION A L'ÉTUDE

du

PEUPLEMENT

des

ILES BRITANNIQUES

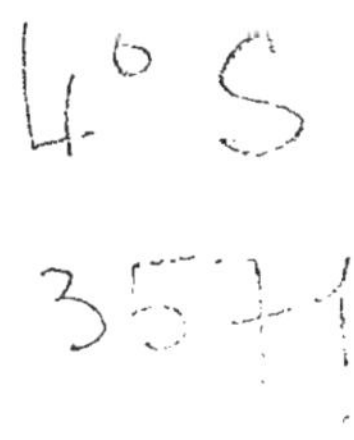

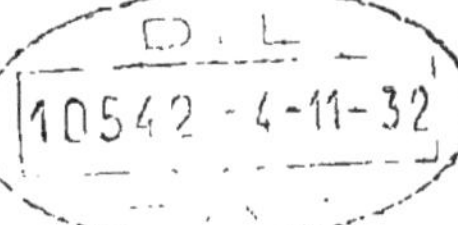

Mémoires de la Société de Biogéographie

(Paul Lechevalier, éditeur)

I. Histoire du Peuplement de la Corse

par P. ALLORGE, A. AMBROSI, P. DE BEAUCHAMP, L. BERLAND, J. BERLIOZ, J. BRAUN-BLANQUET, H. BROLEMANN, L. CHOPARD, R. DESPAX, L. FAGE, L. GERMAIN, J. DE JOANNIS, L. JOLEAUD, P. LEMOINE, E. PASSEMARD, L. ROULE, J. SAINTE-CLAIRE DEVILLE.

1926, gr. in-8, 264 pages, 6 figures .... **40** fr.

II. Contribution à l'étude du Peuplement des Hautes-Montagnes

par P. ALLORGE, R. BENOIST, A. CHEVALIER, L. CHOPARD, L. GERMAIN, H. HEIM DE BALSAC, R. HEIM, H. HUMBERT, R. JEANNEL, L. JOLEAUD, L. LAVAUDEN, R. MAIRE, E. DE MARTONNE, C. MOTAS, P. DE PEYERIMHOFF, E. PITTARD, J. SAINTE-CLAIRE DEVILLE, R. F. SCHARF, B. P. UVAROV, A. VANDEL.

1928, gr. in-8, 260 pages, 7 fig .... **55** fr.

SOCIÉTÉ DE BIOGÉOGRAPHIE

III

CONTRIBUTION A L'ÉTUDE

du

PEUPLEMENT

des

ILES BRITANNIQUES

par

W. S. BRISTOWE, J. CARDOT, W. E. CHINA, L. DUPONT, H. HEIM DE BALSAC, L. JOLEAUD, MARTIN, E. MOSELY, J. SAINTE-CLAIRE DEVILLE, B. P. UVAROV, A. J. WILMOTT

PAUL LECHEVALIER

ÉDITEUR

12, rue de Tournon, 12

PARIS-VIe

1930

LE PEUPLEMENT DES ILES BRITANNIQUES

SOMMAIRE

Esquisse paléogéographique des îles Britanniques.

par

L. JOLEAUD

Professeur à la Faculté des Sciences, Paris.

Archéen, Précambrien, Cambrien, Silurien. — Les plus anciennes terres émergées des îles Britanniques se trouvent dans l'extrême Nord-Ouest de l'Ecosse, où elles correspondent à la vieille chaîne des Hébrides, dite souvent chaîne Huronienne, qui est d'âge antécambrien. Au Midi de cette ligne de reliefs s'étendait, au Cambrien et au Silurien, le géosynclinal des Grampians.

Vers la fin du Silurien, toute la Grande-Bretagne et l'Irlande furent le théâtre de mouvements orogéniques qui donnèrent naissance, sur l'emplacement actuel de ces îles, à la chaîne Calédonienne ; seuls furent exclus de cette zone tectonique, le Nord-Ouest de l'Ecosse, domaine de la chaîne Huronienne, et la presqu'île de Cornouailles, qui fait partie d'un élément tectonique plus jeune, la chaîne Hercynienne.

Dévonien. — Au Dévonien, le continent des Vieux Grès rouges comprenait tout le territoire des îles Britanniques, au Nord d'une ligne joignant le canal de Bristol à l'embouchure de la Tamise : une zone laguno-marine, s'étendant du Cornouailles au comté de Kent, bordait cette grande aire continentale désertique parsemée de chotts et d'oasis.

Carbonifère, Permien, Trias. — Le territoire anglais et irlandais du continent du Vieux Grès rouge fut envahi par la mer au Carbonifère ancien, tandis qu'en Ecosse s'établissaient alors des lagunes.

Complètement émergées au Carbonifère récent et rattachées, par les plissements hercyniens, au reste de l'Europe septentrionale et médiane, les terres Britanniques furent occupées par une série de plaines marécageuses houillères, dominées par les reliefs du Nord et de l'Est de l'Irlande, de l'Ecosse, du centre du pays de Galles et du Sud-Est de l'Angleterre. Au Permien le régime désertique s'affirma de nouveau, dans les îles Britanniques, comme en Allemagne, avec, à la fin de la période, un épisode marin (Zechstein) affectant une zone correspondant à l'Angleterre, au Nord du Galles et du Wash. Au Trias, le régime continental persista sur les terres Britanniques, comme dans la France du Nord et l'Europe septentrionale. De grandes dépressions laguno-lacustres s'établirent, lors du Permien et du Trias, dans la Manche occidentale et centrale, en liaison avec celles du Sud-Ouest de l'Angleterre et de la Normandie.

Jurassique, Crétacé. — Au Jurassique, une transgression envahit la Grande-Bretagne sud-orientale : le bassin marin anglo-parisien, qui s'individualise alors, est encadré par le Cornouailles, le Galles, le Nord de l'Angleterre (chaîne Pennine), l'Armorique, le plateau central Français et le massif schisteux Rhénan ; toute la Manche, ainsi que la mer du Nord actuelle, en font partie, comme en témoigne la présence de sédiments liasiques et oolithiques au large des côtes de Cornouailles, du Dorset, du Cotentin, du Calvados et du Boulonnais.

Des épisodes d'émersion marquent, notamment à la fin du Jurassique (Purbeckien), l'histoire des régions britanniques, sauf pour le Nord-Est de l'Angleterre (Speeton), alors dépendance directe de la mer du Nord. Cette phase d'émersion, qui persiste au début du Crétacé, se lie à la surrection de l'anticlinal du Weald Boulonnais (plissement ciméro-saxonien) ; elle n'a pas affecté les comtés d'York et de Lincoln, où pénètre un bassin marin boréal, s'étendant jusqu'en Allemagne septentrionale et en Russie, à travers la mer du Nord.

La tendance à l'émersion du bassin anglo-parisien cesse avec le Crétacé moyen et récent. Pendant cette dernière période, la mer du Nord s'avance dans l'Ecosse centrale et méridionale et le Nord-Est de l'Irlande. D'autre part, des silex et de la craie ont été dragués partout dans la Manche, témoignant de l'immersion de ce compartiment de l'écorce terrestre à la fin de l'ère secondaire.

Paléocène. — Au Paléocène (*Montien*), période essentiellement géocratique, la mer, qui occupe la Manche et la mer du Nord, s'avance dans la vallée de la Seine, la Belgique et le Danemark, séparant encore la Grande-Bretagne, de la France et de l'Allemagne.

Éocène. — A l'Éocène, les îles Britanniques sont complètement émergées, à l'exception des bassins de Londres et du Hampshire, qui, avec les bassins de Paris et de Bruxelles, se raccordent à la Manche et à la mer du Nord, isolant la Grande-Bretagne des terres hercyniennes de France et d'Allemagne.

Des Nummulites et des calcaires de l'Éocène moyen ont été dragués en Manche occidentale, au large de Roscoff, tout autour de l'archipel anglo-normand, aussi bien dans les chenaux séparant ces îles les unes des autres, qu'entre ces terres insulaires et le Cotentin ou la Bretagne. Dans la Manche orientale, Nummulites et calcaires lutétiens ont été retrouvés en divers points entre Beachy Head, Dieppe et l'embouchure de la Somme. Par conséquent les contours de la Manche étaient, à l'Éocène, très sensiblement comparables au tracé du littoral actuel, même dans les traits de détail du rivage du golfe normano-breton.

Restés en dehors du domaine des chaînes pyrénéennes et alpines, les bassins de Londres et du Hampshire, demeuraient séparés l'un de l'autre par l'aire anticlinale du Weald, qui se prolongeait au Sud-Est par le Boulonnais et qui se trouvait tantôt émergée, tantôt réduite à l'état de haut fond, suivant le sens des oscillations qui affectaient alors ce secteur de l'Europe occidentale.

Des mouvements du sol durent aussi se produire à l'Éocène dans la Manche et les parties voisines de l'Atlantique, car au moins au début de cette période, les noyaux hercyniens de l'Ecosse, l'Irlande, le Cornouailles, l'Armorique, le Plateau central Français, la meseta Ibérique furent, par intermittences, en liaison continentale avec les régions côtières de l'Est de l'Amérique septentrionale : grâce à ces jonctions temporaires, des échanges de faunes terrestres, et même néritiques, purent avoir lieu entre les parties nord de l'Ancien et du Nouveau Monde. Ainsi aux périodes maestrichtienne, montienne, cuisienne, lutétienne, bartonienne, stampienne, l'arrivée de Mollusques méditerranéens, dans le Nord de la France et les contrées voisines, se lie à une Manche et à un Atlantique nord-oriental ayant déjà sensiblement leur forme actuelle ; au contraire, lors des époques danienne, thanétienne, sannoisienne, de larges surfaces de ces mêmes régions océaniques actuelles restèrent émergées et favorisèrent des courants biogéographiques continentaux, que rendait impossible auparavant l'insularité britannique.

Oligocène. — Si nous sommes ainsi bien documentés sur l'histoire de l'Éocène anglais, nous ne savons par contre presque rien de la stratigraphie de l'Oligocène d'outre Manche, sauf pourtant en ce qui concerne l'île de Wight. Les rares indications que nous possédons suffisent pour nous induire à penser que la Manche et sans doute aussi la mer du Nord étaient alors occupées par les eaux océaniques. *A priori* il serait d'ailleurs invraisemblable qu'au temps où l'Allemagne septentrionale et centrale, ainsi que les zones hercyniennes de l'Europe occidentale, Limagnes, vallée du Rhône, Sud et Sud-Est du bassin de Paris, Suisse, Alsace, bords du massif Rhénan et du Harz étaient atteints par la transgression de la fin du Nummulitique, une émersion se soit dessinée en bordure de la zone hercynienne britannique.

Miocène ancien et moyen. — Il n'y a pas de traces de dépôts du Miocène inférieur en Angleterre, ni dans les Pays-Bas : la mer du Nord était alors localisée très au large de la côte actuelle de Grande-Bretagne, en direction du Danemark et de Hambourg. Au Miocène moyen, cette mer boréale s'avance en Hollande, Hanovre, Campine (*Boldérien*), mais son littoral se maintient au large de l'Angleterre. Beaucoup d'espèces déjà connues du Burdigalien de l'Aquitaine, mais qui manquaient dans le Miocène inférieur allemand, arrivent ainsi seulement au Vindobonien dans les pays de l'Europe septentrionale. Par conséquent la mer du Nord d'une part, l'Atlantique français d'autre part, demeurés isolés l'un de l'autre en temps que mers, au Burdigalien, ont recommencé à communiquer directement au Vindobonien par la Manche : l'existence de cette Manche du Miocène moyen est d'ailleurs attestée par les dépôts du *Falunien* du Cotentin (Gourbesville) et de l'Armorique ; un chenal marin, partant du golfe normano-breton, s'étendait d'ailleurs alors de la région Dol-Dinan vers Rennes, Angers, Tours et Blois.

Miocène récent. — Au Miocène supérieur (*Anversien*), la Manche se ferme de nouveau vers l'Est, tandis qu'un détroit isole l'Armorique du reste de la France : à partir de la Vendée, ce chenal gagne Saint-Malo, les îles Anglo-normandes et traverse le Cotentin. La mer du Nord, ayant son littoral toujours au large de la côte est de l'Angleterre actuelle, continue de la sorte à pénétrer en Belgique, en Hollande, gagnant même le Holstein et le Mecklembourg.

Pliocène ancien. — Dès le début du Pliocène (*Lenhamien*), le Kent est envahi par cette mer du Nord, qui déborde en même temps sur les Flandres (*Diestien*), s'avançant jusqu'à Wisant, Cassel, Lille, Tournai, Louvain, Diest, mais n'atteignant plus l'Ouest de l'Allemagne. Les nombreux Mollusques à affinités méridionales du Lenhamien témoignent d'une communication directe le long de la vallée de la Tamise, au Nord de l'anticlinal du Weald, entre cette mer du Nord et l'Atlantique, par la Manche, dont les dépôts nous sont connus notamment en Cotentin.

Pliocène moyen. — Graduellement par la suite, au cours de la période pliocène moyenne, le littoral de la mer Septentrionale rétrograde vers le Nord, en même temps que se ferme le détroit faisant communiquer la mer du Nord et la Manche : à une première phase de retrait correspondent, d'une part, le *Scaldisien* et le *Poederlien* de la région d'Anvers, d'autre part, le *Waltonien* de l'Essex; à une seconde phase se rapportent l'*Amstélien*, qui ne dépasse pas au Sud la frontière de Hollande, et le Red crag de Suffolk.

Pliocène récent. — Au Pliocène récent, la mer du Nord abandonne la Hollande et l'Essex : sa limite méridionale continue d'ailleurs le mouvement de retrait vers le Nord déjà amorcé au Pliocène ancien, de telle sorte que le crag marin de Norwich (*Icénien*, équivalent du *Calabrien* méditerranéen) affleure seulement encore dans le Nord du Suffolk.

Postpliocène ancien. — Avec le début du Quaternaire ancien ou Postpliocène, à l'époque du crag d'estuaire de Chillesford (*Chillesfordien*, synchronique du *Saint-Prestien*), le cours du Rhin se continuait en aval du lit actuel, à travers le Sud de la mer du Nord, serpentant finalement dans l'Essex, le Suffolk et le Norfolk jusqu'à Cromer. La phase de retrait de la mer, qui correspond à cette période, a vu la côte méridionale de la mer du Nord reportée ainsi au Nord-Est du Wash.

Postpliocène moyen. — Cette phase de régression de la mer du Nord s'est d'ailleurs trouvée encadrée, dans l'histoire géologique de l'Ouest de l'Angleterre, entre l'épisode marin de l'Icénien et celui également marin du *Weybournien*, étage synchronique du *Sicilien* méditerranéen. A cet étage postpliocène moyen doit être rapporté, en Grande Bretagne, le crag de Weybourn, localisé dans le Norfolk ; le Suffolk était déjà alors, en effet, complètement et définitivement émergé.

Postpliocène récent. — Du mouvement négatif de la mer, ou plus exactement du soulèvement des îles Britanniques, immédiatement postérieur au Weybournien, date le crag d'estuaire ou forest bed de Cromer (*Cromerien* ou *Norfolkien*), qui marque un nouveau repli vers le Nord-Est du rivage de la mer du Nord, au large de la côte actuelle d'Angleterre.

Des dépôts marins, synchroniques de la base du forest bed de Cromer et révélant, par leur situation topographique, une régression très accusée, ont été reconnus, aussi bien dans le Yorkshire (Sewerby), que sur les bords de la mer d'Irlande, à l'île de Man, à Dublin, à Cork, dans la baie de Courtmacsherry, etc. De telles formations marines existent également au Sud du pays de Galles, dans la presqu'île de Gower (Glamorganshire).

A Sewerby, comme dans la grotte de Gower, ces dépôts marins sont subordonnés à une brèche osseuse à Eléphant antique, Rhinocéros de Merck, Hippopotame, Hyène, etc. A son tour, cette brèche osseuse supporte, dans la grotte de Gower, le boulder clay glaciaire ancien. Il ne fait pas de doute que, lors de la formation des assises à Mammifères terrestres des cavernes du Sud du Galles, une vaste plate-forme était émergée au large de la côte actuelle.

En Danemark, cet interglaciaire de la fin du Postpliocène vit se produire une émersion analogue, accompagnée de la formation des tourbes et des sédiments saumâtres de l'*Eésnien ancien*. La transgression immédiatement subséquente, amena le dépôt de strates à caractère plus ou moins marin, avec faune présentant quelques affinités méditerranéennes (*Eémien récent*).

Pléistocène ancien. — Sur ces dépôts du Quartenaire ancien (Postpliocène) reposent, en Grande-Bretagne, les moraines de fond (drift ancien ou boulder clay inférieur) de la grande glaciation du *Saxonien* (*Rissien*). Celle-ci, qui inaugure le début du Quaternaire moyen ou Pléistocène, s'étendit à toutes les îles Britanniques, sauf peut-être à l'extrême Sud-Ouest de l'Irlande ; toutefois elle n'atteignit sûrement pas la partie de l'Angleterre située au Sud du canal de Bristol et de la Tamise. La calotte glaciaire scandinave arrivait alors, à travers l'emplacement actuel de la mer du Nord, jusque dans les comtés orientaux, depuis le Yorkshire jusqu'à l'Essex, comme en témoignent les blocs erratiques, d'origine norvégienne, trouvés dans ces contrées britanniques. Plus à l'Ouest s'étendaient, d'autre part, les glaciers locaux des Highlands, du Sud-Ouest de l'Ecosse, du Cumberland, de la chaîne Pennine, du pays de Galles et de l'Irlande.

Dans le Norfolk, immédiatement au-dessus du forest bed, viennent des couches marines à faune arctique (*Yoldia*), qui indiquent le retour offensif de la mer du Nord ou plus exactement l'affaissement de la côte orientale anglaise, contemporain du *Milazzien* méditerranéen (Pléistocène ancien) : ainsi dans l'Europe septentrionale s'affirme le synchronisme des grandes extensions glaciaires et des plages marines soulevées. Graduellement d'ailleurs, à ce milieu marin arctique se substitue un milieu continental boréal, par suite d'un soulèvement, qui entraîne le retrait du niveau des mers britanniques à 90 mètres en moyenne au-dessous du 0 actuel : aux argiles à *Yoldia* et à *Astarte borealis* du Yorkshire et du Norfolk, se superpose, en effet, le boulder clay inférieur, comme en Jutland, Holstein, Hanovre.

Après le maximum des extensions glaciaires, les îles Britanniques subirent un mouvement de descente tel que leur littoral se trouva reporté, par endroits, jusqu'à 150 mètres plus haut que la côte moderne : une partie de l'Ecosse fut alors envahie par la mer ; par contre la région de Dublin demeura émergée et couverte de marécages où s'enlisèrent de grands Cervidés (*Megaceros hibernicus*). Vers l'Est, la mer du Nord s'étendait alors jusque dans le Jutland, gagnant même l'île de Rügen.

Première phase du Pléistocène moyen. — A une certaine distance des régions où se maintint, après son maximum d'extension, la calotte glaciaire scandinave, s'étendaient de vastes steppes fréquentées par des Mammifères, au nombre desquels les éléments caractéristiques des climats très froids (Rhinocéros à narines cloisonnées, Bœuf musqué, Renne, Mammouth) prédominaient nettement sur les types de milieux plus ou moins tempérés (Rhinocéros de Merck, Urus, Bison, Élan, Cerf élaphe) : une telle faune existait alors dans la région de Berlin (Rixdorf), où elle marque l'époque de l'*Helvétien*, c'est-à-dire de la première phase interglaciaire du Pléistocène, plus généralement connue sous le nom de *Chelléen*.

En Belgique, les animaux des associations climatiques plutôt tempérées (Rhinocéros de Merck, Hippopotame, Bison, *Elephas Trogontheri*) sont plus nombreux qu'en Allemagne, à cette époque du premier interglaciaire pléistocène, connue localement sous le nom de *Moséen*.

Dans le centre et le Sud de l'Angleterre enfin, l'Hippopotame et l'Éléphant antique révèlent une ambiance plus chaude encore, tout comme le Mollusque d'eau douce, leur contemporain, *Corbicula fluminalis* : les uns et les autres sont connus des régions d'Oxford et de Londres, comme aussi du Sussex. La phase de creusement des vallées que marquent les graviers fossilifères de ces pays, est postérieure à la grande glaciation du Nord et antérieure à la formation de la basse terrasse, elle-même contemporaine du Mammouth et du Rhinocéros à narines cloisonnées. L'approfondissement du thalweg de la Tamise atteignit alors à Londres 24 m. 50 au-dessous du fond du lit actuel.

Cette phase de creusement des vallées du Sud de l'Angleterre est en rapport avec un soulèvement de la contrée ayant entraîné le retrait de la mer du Chelléen et par suite le développement d'une large jonction continentale unissant la Grande-Bretagne à la France sur l'emplacement du Pas-de-Calais : alors que la Manche était réduite à son secteur occidental et à son secteur central, la faune chaude à Éléphant antique et Hippopotame se répandait largement de l'Europe occidentale vers les terres Britanniques.

Deuxième phase du Pléistocène moyen. — Une deuxième extension glaciaire pléistocène, dite du *Polandien* ou *Polonien* (équivalent du *Néorissien* alpin), a eu son front marqué, au Sud-Ouest de la calotte scandinave, par les « moraines baltiques » du Holstein, du Slesvig, du Jutland et de la côte de Norvège. Dans les îles Britanniques, cette nouvelle phase d'avancée des glaciers n'a eu de répercussion qu'en Irlande, dans le pays de Galles, puis à travers les régions montagneuses de l'Ecosse et du centre de l'Angleterre (Midlands), où elle se traduit par la formation du drift récent ou boulder clay supérieur.

Tandis que se développait l'extension glaciaire polandienne-néorissienne, se produisait une transgression marine, correspondant au *Tyrrhénien* des régions méditerranéennes : dans le Norfolk, à Yarmouth, comme dans le Sussex, à Selsey Bill, ou en Flandre, à Ghyvelde, vivait alors une faune marine, de milieu relativement chaud, à affinités lusitaniennes, émigrée dans la mer du Nord, par le détroit du Pas-de-Calais en formation : l'absence de coquilles à facies arctique parmi les faunes qui vivaient alors dans la Manche et la présence de Mollusques de mer chaude à Yarmouth démontrent l'existence d'un seuil sous marin dans la zone médiane de la mer du Nord, seuil qui arrêtait la propagation vers le Sud des courants océaniques boréaux.

Par contre, à la même époque, vivait sur le littoral de l'Ecosse une faune froide à *Yoldia arctica*, dont on recueille les restes, vers l'altitude de 33 mètres, jusque dans les fjords et les basses vallées de la Clyde, du Forth, de la Tay, etc.

Tandis que se produisait cette avancée de la mer du Nord et de la Manche, caractéristique du Tyrrhénien, le milieu continental était lui aussi soumis en bien des points à un climat plutôt chaud. Dans les dépôts de Selsey ont été trouvés, en effet, des restes d'Éléphant antique. Au milieu de formations de la même époque, un peu plus à l'Ouest, à West Wittering, a été observée également à l'intérieur de dépôts marins, une coquille fluviatile de climat chaud, *Corbicula fluminalis*. Enfin plus à l'Ouest encore, à Stone (Hampshire), une argile d'estuaire à *Scrobicularia piperata* a fourni des feuilles d'une plante très méridionale, *Acer monspessulanum*.

Troisième phase du Pléistocène moyen. — Un nouveau retrait des glaciers de l'Europe septentrionale se produisit au *Neudeckien*. Ce retrait fut encore synchronique d'une régression marine importante. Dans le Sud-Est de l'Angleterre, on constate, en effet, la superposition à des terrasses marines du pied des South Downs, attribuées au Tyrrhénien et se succédant de Portsmouth-Chichester à Arundel-Howe, aux altitudes de 30-33 mètres, de limons caillouteux, à ossements de Mammouths, de la plaine côtière du Sussex, de Portsmouth à Brighton.

La Manche orientale était alors une véritable vallée fluviale, s'écoulant à l'Ouest du Pas-de-Calais actuel. En même temps des cours d'eau se dirigeaient vers le Nord, de l'autre côté de cet isthme, aujourd'hui transformé en détroit.

C'est à ce moment que de larges connexions continentales s'établirent pour la dernière fois entre la Germanie et la Gaule d'une part, les terres britanniques d'autre part. Les Mammouths sibériens, les Rhinocéros à narines cloisonnées, les Chevaux, les Rennes, les Cerfs élaphes, les Cerfs géants des tourbières d'Irlande, les Urus, les Bisons, les Hyènes des cavernes, les Ours bruns, les Loups, les Castors circulaient aisément sur l'emplacement actuel de la mer du Nord et du Pas-de-Calais : leurs ossements se retrouvent aujourd'hui aussi bien à la surface du Dogger bank, que le long des côtes anglaises de la mer du Nord ou sur l'emplacement du Pas-de-Calais moderne.

Alors se formaient, à la place où s'étendra désormais le Dogger bank, des tourbières qui s'observent maintenant jusque vers la côte — 40. Si les points les plus élevés du Dogger bank atteignent de nos jours une altitude de — 18 mètres, les chenaux qui séparent ce plateau sous marin des côtes voisines descendent jusqu'à — 70 mètres, ce qui révèle, pour l'époque de la soudure continentale germano-britannique, par l'emplacement de la mer du Nord actuelle, une régression considérable par rapport à la topographie reconnaissable aujourd'hui.

Pléistocène récent. — Au *Mecklembourgien* (équivalent du *Wurmien* alpin) s'édifièrent les « moraines scandinaves » au Nord de la Scanie, dans le Sud de la Suède et en Norvège méridionale. C'est alors que la cuvette baltique fut envahie par la mer à *Yoldia*, tandis qu'une toundra arctique à *Dryas octopetala*, habitée par des Rennes, s'implantait dans les régions centrales de la Scanie, que venaient d'évacuer les glaciers.

Dans les îles Britanniques, au temps du Mecklembourgien, ne s'observent plus que des glaciers locaux, des glaciers de vallées, dans les Hébrides, les Highlands, les Grampians, le pays de Galles et l'Irlande.

En Ecosse, le littoral était de 15-20 mètres plus élevé qu'aujourd'hui en moyenne : les plages qui lui correspondent récèlent, outre les formes actuellement vivantes dans les mers de la contrée, quelques espèces de facies plus septentrional.

De la fin du Pléistocène, de l'époque de l'étage marin méditerranéen du *Monastirien*, datent également les plages qui, en de nombreux points de la côte méridionale d'Angleterre, comme du littoral de la Bretagne, de la Normandie, des îles Anglo-normandes et même du Pas-de-Calais, témoignent d'un soulèvement subséquent de ces rivages, atteignant au maximum 15 à 20 mètres au-dessus du 0 actuel.

Jusqu'au mont Dol, en Ile-et-Vilaine, arrivaient alors des glaces flottantes, tandis que vivaient des Mammouths, des Rhinocéros à narines cloisonnées et des Rennes, sur les terres voisines de la Manche et de la mer du Nord, à l'époque du *Campinien* belge.

L'âge exact de cette série de plages marines est parfaitement fixé près d'Abbeville, à Menchecourt, où, au-dessus de graviers fluviatiles à restes d'Éléphants antiques et outils chelléens, viennent des sables fluvio-marins à *Corbicula fluminalis*, équivalent stratigraphique des plages de la Manche, et plus haut encore, en superposition, dans la série stratigraphique de l'embouchure de la Somme, des limons terrestres à ossements de Mammouths.

Pendant que se formaient ces plages, aujourd'hui émergées à 10-15 mètres, la dépression située sur l'emplacement du Pas-de-Calais était immergée et un détroit se dessinait avec une configuration topographique assez analogue à celle du chenal actuel.

Première phase du Néopléistocène ancien. — Le soulèvement qui affecta, aussitôt après le dépôt de ces plages, les régions continentales bordières de la Manche et des parties voisines de la mer du Nord, permit aux steppes de s'avancer au moins jusqu'aux rivages actuels, entraînant la régression du *Préflandrien* : Mammouths et Rhinocéros à narines cloisonnées, contemporains des Hommes de la fin de l'*Acheuléen*, laissent alors des traces dans les dépôts éoliens du loess de l'*Hesbayen*.

A peu près synchronique de cette phase de dépôt de loess serait une période de régression marine britannique ayant vu se produire la large expansion des bois du *Forestien ancien*. Certains des très vieux sols qui leur correspondent, se trouvent aujourd'hui affaissés à des profondeurs de 16 mètres au-dessous du niveau de la mer (Hull).

A la même époque de régression se rapporte l'occupation de la cuvette baltique par le lac à Ancyles. Les plus anciens dépôts forestiers constitués sur les rives de cette dépression lacustre sont caractérisés par la prédominance du Tremble et du Bouleau, arbres auxquels succéda bientôt le Pin sylvestre, comme essence très répandue en Scandinavie. L'Élan était alors l'animal le plus commun aux abords de peuplements boisés, qui se propageaient sous un climat subarctique. La succession de ces événements est attribuée, par les géologues danois, aux deux phases de début de la grande époque du *Senglaciaire*, c'est-à-dire au *Daniglaciaire* et au *Gothiglaciaire*.

Deuxième phase du Néopléistocène ancien. — A la période de régression marine et d'expansion forestière, qui marque l'extrême début du Néopléistocène dans les îles Britanniques, succéda une phase de récurrence glaciaire, localisée dans les hautes vallées de l'Ecosse et synchronique, de l'époque de large développement des tourbières, appelée *Turbarien ancien.*

C'est du Néopléistocène ancien que datent, en effet, notamment les tourbières des régions riveraines de la mer d'Irlande, tourbières qui s'établirent presqu'immédiatement après l'évacuation de la contrée par les glaciers et que détruisit par la suite une invasion d'eaux océaniques. Ainsi par exemple, dans le Nord-Est de l'Irlande, à Belfast, un banc de tourbe s'intercale entre des formations glaciaires et l'argile à Scrobiculaires : cette tourbe est aujourd'hui à 8 m. 50 sous le niveau de la mer d'Irlande ; il est ainsi démontré que l'affaissement consécutif à l'établissement des tourbières fut suivi d'un soulèvement. De même à Liverpool, des travaux effectués en vue de l'édification de docks ont révélé que des tourbes, comme d'anciens sols forestiers, contemporains du Cerf élaphe et de l'Urus, s'intercalent entre les plus récents dépôts glaciaires et des argiles à Scrobiculaires : ici tourbes et sols forestiers sont enfouis à 30 mètres de profondeur. Des observations analogues ont encore été faites dans la Cheshire et dans le Lancashire. En résumé, il y eut, dans les contrées riveraines de la mer d'Irlande, après le retrait définitif des glaciers, établissement des tourbières, puis affaissement sous les eaux marines, dont les dépôts émergèrent finalement.

Le maximum d'extension des tourbières, sur les rives de la mer d'Irlande, immédiatement consécutif à la régression marine du Forestien ancien, fait encore partie de la période régressive du *Flandrien ancien* des géologues belges et français. Une nouvelle phase de creusement des vallées entamait, dans les contrées riveraines de la Manche et de la mer du Nord, le lœss éolien : ainsi se trouvait favorisé l'établissement, dans les zones déprimées, de vastes tourbières marécageuses. Alors se serait produite la disparition, dans le Nord-Ouest de l'Europe, du Mammouth sibérien, bientôt suivie de celle du Lemming et du Lièvre polaire ; en même temps, le Renne s'éteignant en France méridionale, ne subsistait plus que dans le Nord de l'Europe.

Cette deuxième phase du Néopléistocène ancien, qui correspond, dans la terminologie stratigraphique danoise, à la fin du *Senglaciaire*, c'est-à-dire au *Finiglaciaire*, a été marquée, en pays Scandinave, par la persistance du lac à Ancyles, tandis que les forêts riveraines de la cuvette d'eau douce baltique se peuplaient tout d'abord de Coudriers et finalement de Chênes pédonculés et de Tilleuls ; alors prédominait dans la faune de ces contrées, le Cerf, tandis que s'établissait partout à l'entour un climat boréal, climat continental, sec et chaud, qui vit émigrer en Scanie les premiers Hommes paléolithiques.

Première phase du Néopléistocène récent. — Dans l'Angleterre centrale et méridionale, entre l'ensemble des époques du Forestien et du Turbarien anciens et le groupement des périodes subséquentes du Forestien et du Tubarien récents, s'est intercalée une phase de transgression marine. Cette période d'avancée de la mer, de même que celle qui marque la phase

immédiatement postérieure au Turbarien récent, est démontrée par la présence, au-dessus de deux horizons de tourbe reposant chacun sur des sols de forêts, de niveaux marins repérés dans les vallées de la Mersey et de la Tamise, tout comme sur les côtes d'Essex et dans le Fenland.

A la transgression britannique du début du Néopléistocène récent correspond, d'une part, la phase initiale du *Postglaciaire* des géologues danois, d'autre part, le *Flandrien moyen* des géologues belges et français.

Cette période d'affaissement continental a été marquée, dans les régions scandinaves par la formation de la mer baltique à Littorines. Sur le pourtour de cette mer se propagèrent des forêts de Hêtres et d'abord des hardes de Chevreuils, alors que s'établissait un climat atlantique, tempéré légèrement humide et que s'individualisait l'industrie néolithique ; plus tard, au Chevreuil se substitua, comme animal caractéristique, le Daim, tandis qu'un climat subboréal, tempéré, sec, voyait s'épanouir, sur les rives de la Baltique, la civilisation du Néolithique récent des kjökkenmöddings.

Le réchauffement des régions scandinaves s'accuse particulièrement avec ce début du Postglaciaire. La toundra s'étend depuis les bords de la calotte glaciaire jusqu'au Nord du Danemark ; la forêt commence au Sud du Vendsyssel. Le Renne abandonne le Nord-Ouest de l'Europe et reste désormais confiné dans les régions les plus septentrionales de cette partie du monde.

La formation définitive du Pas-de-Calais a eu lieu précisément à l'époque de la mer à Littorines, c'est-à-dire lors de la dernière invasion marine dans la cuvette baltique. Ainsi la submersion des détroits danois et du Pas-de-Calais sont des événements synchroniques. Entre leurs emplacements, la mer du Nord, acquérant sa forme actuelle, submerge irrémédiablement le Dogger bank. Ces événements géographiques caractérisent le Flandrien moyen et sont ainsi contemporains du maximum de la transgression marine dans les Flandres et en Picardie, comme l'a montré G. Dubois.

Deuxième phase du Néopléistocène récent. — Postérieurement à la transgression du début du Néopléistocène récent et en même temps qu'une nouvelle régression marine, s'individualise une période de grand développement de forêts dans les îles Britanniques, le *Forestien récent*, aussi contemporain du Néolithique anglais et scandinave. En Danemark, le climat acquiert alors un caractère subatlantique, tandis que reprend le mouvement d'exhaussement qui avait marqué les temps antérieurs à l'invasion de la mer à Littorines.

Une ultime et très faible récurrence glaciaire se manifeste bientôt encore en Ecosse, tandis que se dessine une nouvelle extension de tourbières dans les îles Britanniques, au *Turbarien récent*.

Enfin une dernière invasion marine se produit sur le littoral anglais aux temps historiques.

Tous ces événements sont attribués par les géologues belges et français au *Flandrien récent*.

Résumé. — Les terres Britanniques, qui se sont progressivement formées au cours des phases orogéniques huronienne, calédonienne et hercynienne, se sont trouvées séparées, par la transgression marine jurassico-crétacé du bassin anglo-parisien, plus ou moins complètement du reste de l'Europe.

Une Manche, rappelant assez exactement, par ses contours géographiques, la mer actuelle, existait à l'aurore des temps tertiaires (Paléocène). Elle débordait sur le Sud-Est de l'Angleterre, sous la forme des bassins de Londres et du Hampshire, à l'Éocène et sans doute encore à l'Oligocène.

Par contre, l'emplacement de la Manche était émergé au début du Miocène. Il fut de nouveau immergé au Miocène moyen. Ensuite sa partie orientale seule subit un soulèvement au-dessus des eaux marines, au Miocène supérieur.

Au Pliocène ancien, un chenal marin comprenant la Manche occidentale et centrale, ainsi que la vallée de la Tamise au Nord du Weald, isola l'Angleterre de la France. Ce détroit se ferma au cours du Pliocène moyen. Puis la mer du Nord évacua, au Pliocène récent, une partie du territoire qu'elle occupe aujourd'hui et le même état de chose subsista pendant la régression du Quaternaire ancien (Postpliocène).

Avec le début du Quaternaire moyen (Pléistocène ancien), les glaciers s'avancent sur toutes les îles Britanniques, sauf sur l'extrême Sud de la contrée.

Plus tard, au Pléistocène moyen, des vallées se creusent, cependant qu'un large isthme unit l'Angleterre à la France. Puis se produit une recurrence glaciaire, d'ailleurs bien moins importante que la première ; à peu près en même temps le détroit du Pas-de Calais s'ouvre, sous la forme d'un étroit chenal. Un nouveau recul des glaciers se manifeste par la suite, tandis que, la Manche orientale devenant une simple vallée, le Pas-de-Calais est complètement émergé ; d'immenses surfaces de la mer du Nord s'élèvent en même temps au-dessus des eaux marines : l'emplacement du Dogger bank se couvre de tourbières.

Au Pléistocène récent, des glaciers se développent localement dans les îles Britanniques, tandis que la Manche et le Pas-de-Calais sont submergés et que des glaces flottantes, arrivant par la mer du Nord, gagnent la Bretagne.

Avec le début des temps actuels (Quaternaire récent), les steppes couvrent les rives de la Manche et des forêts s'avancent plus au Nord, jusque sur les rivages britanniques. Bientôt des tourbières occupent largement le fond des vallées, tandis que s'éteint la faune sibérienne en Angleterre (Néopléistocène ancien).

Tardivement une invasion marine se manifeste sur toutes les côtes de la Grande-Bretagne (Néopléistocène récent) : cette invasion précède immédiatement l'établissement des conditions géographiques modernes.

Mammifères des îles Britanniques

par

H. HEIM DE BALSAC

Les Mammifères apélagiques sauvages qui peuplent ou peuplaient récemment les Iles Britanniques, et qui seuls sont intéressants du point de vue qui nous occupe ici, ne sont pas si nombreux qu'ils ne puissent figurer dans une liste. Cette faune mammalogique comporte les éléments suivants :

INSECTIVORES.

Talpa europaea L., Angleterre, Ecosse, Ile de Jersey.

Sorex araneus castaneus JENYNS, Angleterre, Ecosse, île de Bardsey.

Sorex araneus fretalis MILLER, Ile de Jersey.

Sorex minutus minutus L., Angleterre, Ecosse, Irlande, plusieurs des Hébrides et Man.

Neomys fodiens bicolor SHAW, Angleterre, Ecosse.

Crocidura russula HERMANN, Guernesey, Aurigny.

Ericaneus europaeus L., Angleterre, Ecosse, Irlande.

CHIROPTÈRES.

Rhinolophus ferrum-equinum insulanus BAR.-HAMILTON, Angleterre méridionale.

Rhinolophus hipposideros minutus MONTAGU, Angleterre, Irlande.

Myotys mystacinus KUHL, Angleterre, Irlande.

Myotys nattereri KUHL, Angleterre, Ecosse, Irlande.

Myotys bechsteini KUHL, Angleterre.

Myotys daubentonii KUHL, Angleterre, Ecosse, Irlande.

Pipistrellus pipistrellus SCHREBER, Angleterre, Ecosse, Irlande, Hébrides.

Eptesicus serotinus SCHREBER, Angleterre.

Nyctalus noctula SCHREBER, Angleterre.

Nyctalus leisleri KUHL, Angleterre, Irlande.

Plecotus auritus L., Angleterre, Ecosse, Irlande.

Barbastella barbastellus SCHREBER, Angleterre.

CARNIVORES.

Ursus arctos L. Exterminé, pas connu avec certitude d'Irlande.

Canis lupus L. Exterminé, habitait aussi l'Irlande.

Vulpes vulpes crucigera BECHST., Angleterre, Ecosse, Irlande.

Meles meles meles L., Angleterre, Irlande

Lutra lutra lutra L., Angleterre.

Lutra lutra roensis OGILBY, Irlande.

Martes martes martes L., Angleterre, Ecosse, Irlande.

Mustela erminea stabilis BAR.-HAMILTON, Angleterre et Ecosse.

Mustela erm. ricinae MILLER, Iles de Jura et Islay (Hébrides).

Mustela hibernica THOS. ET BAR.-HAMILTON, Ile de Man et Irlande.

Mustela nivalis nivalis L., Angleterre, Ecosse.

Mustela putorius putorius L., Angleterre, Ecosse.

Felis silvestris grampia MILLER, Ecosse.

Lynx lynx L., a probablement existé à l'époque historique.

RONGEURS.

Oryctolagus cuniculus cuniculus L., Angleterre, Ecosse, Irlande, Man,

Shetlands (peut-être importé).
Lepus europaeus occidentalis DE WINTON, Angleterre (Introduit plus au Nord).
Lepus timidus scoticus HILZHEIMER, Ecosse.
Lepus timidus hibernicus BELL., Irlande.
Sicista sp., présence possible aux Orcades (1).
Glis glis subsp., une capture à Tring en 1929 (2).
Muscardinus avellanarius L., Angleterre.
Evotomys glareolus britannicus MILLER Angleterre, Ecosse.
Evotomys (nageri ?) caesarius MILLER, Ile de Jersey.
Evotomys (nageri ?) skomerensis BARRET-HAMILTON, Ile de Skomer (Galles).
Evotomys (nageri ?) erica BAR.-HAMILTON et HINTON, Ile de Raasey (Hébrides).
Evotomys (nageri ?) alstoni BAR.-HAMILTON et HINTON, île de Mull (Hébrides).
Microtus agrestis exsul MILLER, Iles North Uist et South Uist (Hébrides).
Microtus agrestis neglectus JENYNS, Ecosse (Highlands).
Microtus agrestis hirtus BELLAMY, Angleterre et Sud de l'Ecosse.
Microtus sarnius MILLER, Ile de Guernesey.
Microtus orcadensis orcadensis MILLAIS, Orcades méridionales.
Microtus orcadensis sandayensis MILLAIS, Ile Sanday (Orcades).
Microtus orcadensis westrae MILLER, Ile Westray (Orcades).
Arvicola amphibius amphibius L., Angleterre et Sud de l'Ecosse.
Arvicola amphibius reta MILLER, Ecosse (excepté le Sud).
Apodemus sylvaticus sylvaticus L., Angleterre, Ecosse, Irlande, Iles : Man, Jersey, Alderney, Scilly, Skye (Hébrides), Shetlands. Les *Apodemus* habitant d'autres îles sont encore insuffisamment connus :
Apodemus sylvaticus butei B. HAMILTON et HINTON, Ile de Bute (Hébrides).
Apodemus hebridensis hebridensis DE WINTON, Ile de Lewis (Hébrides).
Apodemus hebridensis hamiltoni HINTON, Ile de Rum (Hébrides).
Apodemus hebridensis cumbrae HINTON, Ile de Great Cumbrae (Hébrides).
Apodemus hebridensis maclean HINTON Ile de Mull (Hébrides).
Apodemus hebridensis fiolagan HINTON, Ile d'Arran (Hébrides).
Apodemus fridariensis fridariensis KINNEAR, Ile de Fair (Shetlands).
Apodemus fridariensis grantii HINTON, Ile de Mid Yell (Shetlands).
Apodemus hirtensis B.-HAMILTON, Ile de Saint-Kilda.
Apodemus flavicollis wintoni B.-HAMILTON, Angleterre.
Micromys minutus soricinus HERMANN, Angleterre.
Epimys rattus L., Importé.
Epimys norvegicus ERXLEBEN, Importé.
Mus musculus L., probablement importé partout.
Mus muralis B.-HAMILTON, Ile de Saint-Kilda.
Sciurus vulgaris leucourus KERR, Angleterre, Ecosse, Irlande.
Castor fiber L., Exterminé.

ONGULÉS.

Sus scrofa L., exterminé, existait aussi en Irlande.
Cervus elaphus scoticus LONNBERG, Ecosse, Ile de Jura (Hébrides), exterminé en Irlande et en Angleterre.
Capreolus capreolus thotti LONNBERG, Angleterre, Ecosse.

Avant d'examiner les particularités de cet ensemble faunique, il est nécessaire d'ouvrir une parenthèse : parmi les formes que nous venons d'énumérer, il en est beaucoup qui ne présentent qu'une faible différenciation et ne sont que des vicariants de ce que les Systématiciens entendent aujourd'hui par le mot *espèce*. Ces races ou sous-espèces ne sont que les représentants, dans les Iles Britanniques, d'espèces vivant sur le continent. Au point

1. F. MAJOR, *Zool. Garden*, XLVI, 1905.
2. La première capture de *Glis glis* dans les Iles Britanniques a été effectuée par le Major FLOWER, à Tring, le 30 oct. 1929. *P. Z. O.*, Part IV, février 1930.

de vue paléogéographique et paléobiologique, elles ne présentent pas un grand intérêt. Elles n'en présenteraient que pour une étude portant sur les milieux biologiques actuels particuliers à chacune des Iles Britanniques Nous n'envisagerons donc ici que les *espèces*, qu'elles soient représentées dans les Iles Britanniques par une ou par plusieurs races.

Endémiques. — Les *espèces* propres aux Iles Britanniques sont relativement nombreuses. On peut ranger dans cette catégorie :

Microtus sarnius, de Guernesey.

Microtus orcadensis, des Orcades, où il est représenté par des races spéciales dans plusieurs îles de l'Archipel.

Arvicola amphibius, d'Angleterre et d'Ecosse.

Evotomys caesarius, de Jersey. C'est là une forme déjà très différenciée. Mais il n'est pas certain que l'on ne puisse la rattacher à *Evotomys nageri* du continent. Il en est de même pour *E. skomerensis*, *erica* et *alstoni*. Ces 4 formes strictement confinées à des îles de taille réduite, sont peut-être aujourd'hui des espèces propres. En tout cas, elles diffèrent spécifiquement d'*E. glareolus* du continent et de l'Angleterre-Ecosse, et si l'on ne reconnaît pas leur spécificité propre, elles doivent se rattacher à *E. nageri*.

Apodemus hebridensis, répandu dans la plupart des îles de l'archipel des Hébrides, et représenté dans presque chaque île par une race particulière.

Apodemus hirtensis, localisé à l'îlot de Saint-Kilda.

Apodemus fridariensis, des Sethlands.

Il semble que ces *Apodemus* se rapportent bien à trois espèces propres, différentes d'*A. sylvaticus* et d'*A. flavicollis* qui habitent les Iles Britanniques et le continent. Mais là encore, comme pour les *Evotomys* cités plus haut, on n'est pas absolument certain de la spécificité propre de ces *Apodemus*, très modifiés par la vie insulaire.

Mus muralis, de l'îlot de Saint Kilda. Il semble bien que la Souris de Saint-Kilda soit une espèce propre, à rapporter peut-être à *Mus faeroensis* des Feröe, mais en tout cas spécifiquement différente de *Mus musculus*. La systématique des Souris est extrêmement difficile. *Mus musculus* est une espèce cosmopolite, transportée partout par l'Homme ; à côté d'elle se voient souvent des formes qui paraissent voisines, mais qui ne sont pas satellites de l'homme. Il est possible que ces formes sauvages, considérées comme sous-espèces de *Mus musculus* (ce qui est un non sens) soient en réalité des espèces différentes et autochtones, et non pas des *M. musculus* ayant repris une vie sauvage. Dans le cas de *Mus muralis*, il existe des particularités ostéologiques (palatins et pterygoïdes) qui penchent en faveur de la spécificité.

Mustela hibernica, de l'île de Man et d'Irlande. Forme curieuse, qui semble tenir de la Belette et de l'Hermine. Constitue très probablement une espèce distincte.

On a voulu donner une valeur spécifique à *Lepus hibernicus*, d'Irlande. En réalité, ce Lièvre n'est qu'une race de *Lepus timidus*, race très bien individualisée. La couleur plus intense, qui se retrouve chez d'autres races irlandaises de Mammifères et d'Oiseaux, n'est pas un caractère spécifique. La grande taille, et le fait qu'il ne prend pas un pelage blanc en hiver, ne sont pas non plus des caractères permettant de l'individualiser en tant qu'espèce.

Tous les autres représentants de la faune mammalogique britannique sont incontestablement des races, plus ou moins différenciées, de types vivant sur le continent.

Les Mammifères apélagiques sauvages s'élèvent dans les Iles Britanniques à 60 espèces, y compris celles que nous indiquons comme exterminées, c'est-à-dire détruites par l'homme à une époque historique récente. Il conviendrait de retrancher de ce chiffre les 12 Chiroptères qui sont pourvus de moyens de déplacements particuliers, les Rats (noir et surmulot) et la Souris, qui ont été importés et aussi *Sicista* et *Lynx* qui sont douteux. Il resterait donc 43 espèces intéressantes au point de vue qui nous occupe ici. Parmi ces Mammifères nous trouvons 12 espèces endémiques. Ce chiffre est considérable relativement au nombre total. Les Iles Britanniques apparaissent comme un des pays de l'Europe occidentale, les plus riches en endémiques. Nul doute que les nombreuses îles de l'Archipel britannique n'aient servi de refuges à des types disparus du Continent et n'aient favorisé l'individualisation de certains autres.

Absences. — Un autre trait frappant de la faune mammalogique anglaise, est la réduction du nombre des espèces, par rapport à celle du continent. Si nous comparons la faune continentale, dans sa région la plus rapprochée de l'Angleterre, à celle des Iles Britanniques, nous constatons déjà un appauvrissement de la faune insulaire. Si cette comparaison porte sur une région de la France centrale ou de l'Europe moyenne, la différence est encore plus considérable. Contentons-nous de le faire entre la faune anglaise et celle du littoral français, belge et hollandais : elle est éloquente. Dans les Iles Britanniques font défaut une série d'espèces normalement répandues sur la partie la plus voisine du continent et qui sont : *Crocidura leucodon*, *Crocidura mimula*, *Myotis myotis*, *Myotis dasycneme*, *Myotis emarginatus*, *Pipistrellus nathusii*, *Eptesicus nilssonii*, *Vespertilio murinus*, *Microtus ratticeps*, *Microtus arvalis*, *Pitymys subterraneus*, *Cricetus cricetus*, *Eliomys quercinus*, *Martes foina*, *Mustela lutreola*.

Il faut noter également l'absence des Lemmings (*Lemmus*) aujourd'hui confinés en Scandinavie, mais qui ont peuplé l'Angleterre au Pleistocène, et qui pourraient vivre, semble-t-il, dans le Nord de l'Ecosse.

L'absence de 7 espèces de Chiroptères est à rapprocher de celle de certains Oiseaux. Pour les autres espèces, il faut admettre soit la destruction par les glaciations avec impossibilité de retour ultérieur du fait de l'insularité, soit la destruction par concurrence d'autres espèces. Les autres causes semblent devoir être éliminées, car entre Douvres et Calais, le sol, le climat, la végétation ne diffèrent pratiquement pas. Or les espèces aujourd'hui absentes d'Angleterre y ont pour la plupart existé au cours du quaternaire. Ces considérations seront envisagées plus loin dans l' « Esquisse paléontologique ».

Répartition dans les différentes îles de l'archipel. — Il y a lieu d'examiner le peuplement particulier des différentes îles de l'archipel britannique.

Le bloc Angleterre-Ecosse est la masse insulaire qui renferme le plus d'espèces. Cela tient à son étendue et sans doute aussi à son climat. C'est dans le Sud de cette masse insulaire que se concentrent le plus de formes vivantes. A mesure que l'on remonte vers le Nord, la faune s'appauvrit. Il n'y a là, semble-t-il, qu'un phénomène tout à fait normal, qui se produit de même sur le continent, et qui relève de causes purement biologiques.

La faune des nombreuses petites îles éparpillées autour de la masse Angleterre-Ecosse est fort pauvre. C'est là encore un phénomène normal semble-t-il. Le caractère insulaire joint à la réduction de la superficie crée un milieu particulier où un petit nombre de formes peuvent seules subsister. Par contre, l'endémisme y est considérable. D'une façon générale les espèces de grande taille sont exclues et seuls s'y maintiennent des Micromammifères. C'est ce que nous voyons dans les petites îles de l'Archipel britannique qui sont uniquement peuplées de Rongeurs, d'Insectivores et çà et là de petits Carnassiers.

Plus intéressant et d'un caractère particulier se présente le cas de l'Irlande. Nous nous trouvons ici en présence d'une masse insulaire d'une superficie relativement considérable. La latitude n'est pas élevée et le climat est très tempéré ; les milieux y sont variés. Il semblerait qu'il y eût là des possibilités de vie analogues à celles de l'Angleterre proprement dite. Et cependant la faune irlandaise est très appauvrie ; y font défaut, par rapport à l'Angleterre, les espèces suivantes :

Talpa europaea, *Sorex araneus*, *Neomys fodiens*, sept Chiroptères, *Mustela erminea*, *Mustela nivalis*, *Mustela putorius*, *Felis silvestris*, *Lepus europaeus*, *Glis glis*, *Muscardinus avenellarius*, tous les *Microtinae*, *Apodemus flavicollis*, *Micromys minutus*.

L'absence de certains Chiroptères relève probablement de causes purement biologiques (On remarque de même, en Irlande, l'absence de nombreux oiseaux). Quant aux autres Mammifères, il a dû y avoir pour eux une impossibilité à atteindre la terre irlandaise. Il convient de remarquer que les espèces absentes appartiennent, pour la plus grande part, à des formes de petite taille. Par contre, les formes de grande taille rencontrées en Angleterre, se retrouvent toutes en Irlande, ou y ont existé jusqu'à ces derniers siècles. Des formes telles que *Lepus europaeus* et *Arvicola amphibius* sont arrivées très tardivement en Angleterre alors qu'il n'existait plus de liaisons entre cette contrée et l'Irlande. Mais beaucoup d'autres ont existé en Angleterre alors que les liaisons avec l'Irlande se sont produites. Il semble qu'il y ait eu une sorte de filtrage entre les différentes formes, les unes pouvant gagner l'Irlande, les autres en étant empêchées. Nous nous étendrons davantage sur ce point dans l' « Esquisse paléontologique ».

Représentants des différentes faunes. — Est-il possible de trouver, dans la faune mammalogique actuelle des Iles Britanniques, des représentants de plusieurs types de faunes ? Il saute aux yeux que l'immense majorité des espèces se rapporte à la faune de l'Europe moyenne.

Comme représentant de la faune nordique, il n'y a que le Lièvre variable. Et encore cette espèce est-elle sujette à discussion. Elle apparaît comme une forme ayant fui devant le Lièvre d'Europe, et réfugiée là où ce dernier ne peut vivre ou pénétrer, plutôt que comme une espèce franchement nordique ou arctique.

Comme représentant de la faune méditerranéenne, il faut classer le Lapin que l'on considère généralement comme d'origine méridionale. Mais l'aire de répartition de cet animal ayant été considérablement augmentée par l'homme, il n'est pas absolument certain qu'il ait pénétré de lui-même dans les Iles Britanniques.

Esquisse paléontologique. — Les Mammifères qui ont peuplé l'Angleterre aux âges antérieurs ont heureusement laissé leurs restes sous forme de nombreux fossiles. Les formes de petite taille (dont la Systématique est difficile même sur le vivant) ont pu être étudiées par des Naturalistes à la fois paléontologistes et micro-mammalogistes très avertis : Newton, Forsyth-Major, Hinton. C'est ainsi qu'a pu être reconstituée, d'une façon vraiment admirable, l'évolution des Rongeurs dans les Iles Britanniques durant le Quaternaire. L'histoire paléontologique des Mammifères de petite taille est généralement peu poussée du fait de la difficulté de leur étude et de la mauvaise conservation de leurs restes. Or cette histoire est d'autant plus intéressante pour l'Angleterre, que ce sont précisément les espèces de petite taille qui ont fourni les endémiques ou dont l'absence est caractéristique. D'autre part, les gisements qui ont montré le plus de restes de Micromammifères se trouvent dans le Sud de l'Angleterre, région particulièrement intéressante en raison de sa proximité du continent. C'est pourquoi nous nous sommes attaché à donner un aperçu de la faune des Rongeurs, ou tout au moins de l'un de leurs groupes *(Microtinae)* au lieu de nous adresser à celle des Grands Mammifères à laquelle on recourt d'ordinaire. Nous ne manquerons cependant pas de comparer cette faune particulière de Rongeurs à celle des animaux de grande taille, considérés comme les plus caractéristiques d'une période ou d'un horizon.

Nous conservons ici les grandes divisions géologiques adoptées par les auteurs anglais qui ont poursuivi l'étude des Rongeurs quaternaires britanniques : Pliocène, Pleistocène, Holocène (sensu lato) (1). Les divisions et subdivisions du Quaternaire ne paraissent pas rigoureusement synchrones

1. M. A. C. Hinton, *A Preliminary Account of the British Fossil Voles and Lemmings*;

dans les différentes régions de l'Europe et sont au surplus variables selon les auteurs ; il nous paraîtrait imprudent de vouloir rapporter strictement à ces divisions (telles qu'elles se trouvent, par exemple, établies dans le 1er chapitre p. 7. « *Esquisse paléogéographique des Iles Britanniques* », dû à la plume, du Prof. JOLEAUD) les horizons successifs dont nous allons parler.

* * *

A la fin du Pliocène, nous trouvons déjà des restes nombreux de *Microtinae*. On peut diviser en plusieurs zones, comprenant des associations différentes de *Microtinae*, l'époque cromérienne dans la région du Norfolk :

La zone la plus ancienne est celle du Crag de Norwich et de Weybourne à ossements de Mammifères, immédiatement antérieure au « Forest-Bed ». Elle a révélé uniquement des espèces du genre éteint *Mimomys* (1) :

Mimomys pliocænicus F. MAJOR.
— *reidi* HINTON.
— *newtoni* F. MAJOR.

Les autres zones, plus récentes, correspondent aux gisements classiques du Forest-Bed et des sables du Val d'Arno.

La plus ancienne (Shelly Crag de East Runton) n'a encore montré que des MIMOMYS :

Mimomys pliocænicus F. M.
— *intermedius* NEWTON.
— *savini* HINT.

La plus récente (Upper Freshwater Bed de West-Runton) a fourni une faune variée, où nous voyons déjà trois genres actuels : *Evotomys*, *Pitymys*, *Microtus* :

Mimomys intermedius NEW.
— *savini* HINT.
— *majori* HINT.
Evotomys sp. (groupe d'*E. glareolus*).
Pitymys gregaloides HINT.
— *arvaloides* HINT.
Microtus arvalinus HINT.
— *nivaloides* F. MAJOR.
— *nivalinus* HINT.
— *ratticepoides* HINT.

with some Remarks on the Pleistocene Climate and Geography. Proc. Geologist's Association, vol. XXI, part. 10, 1910.

M. A. C. HINTON, *Monograph of the Voles and Lemmings*, British Museum, part 1, 1926.

1. Pour HINTON, le genre *Mimomys*, aujourd'hui éteint, et qui a donné les *Arvicola* actuels (Campagnols aquatiques), descend du genre *Dolomys*. Ce dernier, que l'on

Cette faune de *Microtinae* est associée à d'autres Rongeurs : *Cricetus runtonensis*, *Trogontherium*, *Castor*, *Sciurus* sp. et à des genres d'autres groupes tels que : *Macaca*, (Simiens), *Machaerodus* (Félins), *Hippopotamus* (Ongulés).

C'est de la période immédiatement postérieure qu'il faut probablement dater les dépôts lacustres de Bacton (Norfolk) qui ont fourni :

Arvicola bactonensis HINT.
— *greenii* HINT.

associés à : *Rhinoceros etruscus*, *Cervus fitchii*, *C. sedgwickii*, *Trogontherium cuvieri*, *Sciurus*, *Talpa*, *Sorex savini*, *S. runtonensis*, *Myogale*.

On voit ici l'apparition du genre actuel *Arvicola*, descendant direct des *Mimomys*. Les deux espèces signalées descendent de *M. intermedius* et de *M. majori*, tandis que *M. savini* s'éteint sans descendance.

La richesse de la faune des *Microtinae* en tant qu'espèces, le grand nombre de leurs ossements, leur présence à la fois en Angleterre et dans le Sud de l'Europe, joints à des considérations stratigraphiques, donnent à penser que durant la fin du Pliocène le Sud-Est de l'Angleterre a été largement uni au continent, les emplacements actuels des bassins de la Tamise et du Rhin se rejoignant.

La première faune de *Microtinae* que l'on rencontre, postérieurement à cette époque, est celle qui nous est fournie par la plus haute terrasse de la Tamise (High Terrace Drift of the Thames, Greenhite, Kent). Elle correspondrait à l'époque « acheuléenne », et une longue période s'est écoulée depuis le Pliocène. Nous sommes, en effet, au début du Pleistocène ancien. La faune est la suivante :

Mimomys cantianus HINT.
Evotomys sp. (groupe d'*E. glareolus*).
Microtus ou *Pytimys* sp.

associés à : *Mus* sp. (apparenté à *Mus sylvaticus* actuel) et *Trogontherium* sp. HINTON a, en outre, déterminé de ce gisement : *Elephas antiquus*, *Rhinoceros leptorhinus* CUV. (= *Rh. megharinus* CHRISTOL), trois espèces de *Cervus* dont l'une est voisine de *C. browni* et du Daim, *Equus* sp. (se rapprochant d'*E. stenonis* pliocène), *Bos* sp., *Sus* sp. à facies archaïque, *Canis* sp., *Felis leo* ou forme très voisine, *Delphinus* sp.

Le facies très archaïque (à l'exception de l'Eléphant, du Rhinocéros, du Lion et de deux Cerfs) de cette faune, la persistance de *Mimomys*, font penser à une association plus ancienne, comparable à celles du Forest Bed et même du Val d'Arno. Sur le continent, au contraire, la faune synchronique comprend déjà des types nouveaux, et de faune froide.

L'Angleterre nous apparaît donc comme un refuge où s'est maintenue une faune pliocène, à peine modifiée. On est amené à tirer de ce fait

croyait éteint, est cependant représenté encore par une espèce vivante, récemment découverte au Monténégro : *Dolomys bogdanovi* MARTINO.

plusieurs déductions : tout d'abord une modification du climat dans le sens d'un refroidissement paraît peu compatible avec l'existence d'une faune de climat chaud. Une glaciation, surtout une glaciation maxima, comme beaucoup d'auteurs l'ont située à cette époque pour l'Europe occidentale, semble inadmissible pour l'Angleterre.

D'autre part, la persistance d'une faune ancienne et l'absence d'éléments nouveaux semble indiquer que l'Angleterre est isolée du continent. Au surplus, la différence d'âge du creusement des vallées en France et en Angleterre vient renforcer cette conception d'une Angleterre insulaire durant la première période du Pleistocène. On peut concevoir que le bassin Anglo-Franco-Belge n'a pas eu une histoire identique dans toute son étendue. Il est probable que sa partie méridionale subissait, dès le Pliocène, un mouvement d'ascension, permettant aux vallées de se creuser, tandis qu'un mouvement de sens contraire (affaissement) affectait sa partie Nord. Il se serait, en somme produit un mouvement de bascule faisant émerger le Sud du bassin et immergeant au contraire le Nord. Si tel était bien le cas, il serait facile de comprendre que le Sud de l'Angleterre a été immergé et séparé du continent pendant le pré-chelléen et le Chelléen.

Climat au moins tempéré, isolement insulaire, et faune résiduelle, seraient les caractéristiques de l'Angleterre durant cette période.

Au Chelléen, un mouvement d'exhaussement commence à se dessiner en Angleterre. Ce mouvement ira en s'accentuant par intermittences, jusqu'à devenir maximum au Pleistocène moyen. Il permettra à un moment donné le rétablissement des connexions continentales, d'abord avec la France, puis ensuite, plus largement, avec l'Europe.

C'est ce mouvement d'exhaussement déjà sensible qui est traduit par la première ou haute terrasse de la Tamise contemporaine de l'Acheuléen. Les terrasses successives, de plus en plus jeunes, ainsi que d'autres gisements, vont nous montrer les modifications et l'évolution des faunes en Angleterre.

La seconde terrasse de la Tamise ou terrasse moyenne correspond à peu près à la seconde moitié du Pleistocène ancien. Elle se divise elle-même en deux zones fort différentes, quant à leurs faunes. La zone la plus ancienne a fourni :

Arvicola praeceptor HINT.
Evotomys sp. (groupe d'*E. glareolus*).
Microtus agrestoides HINT.

associés à *Macacus*, à des restes abondants d'*Elephas antiquus* et de *Rhinoceros leptorhinus*, à des *Sus* et à des Hippopotames.

Arvicola et *Microtus* proviennent d'ancêtres existant déjà en Angleterre comme nous l'avons vu. La faune semble donc être la continuation de celle qui existait aux phases précédentes et nous ne voyons apparaître aucune forme continentale nouvelle. Les liaisons avec le continent ne doivent pas être rétablies, ou sont encore bien précaires.

Entre cet horizon et l'horizon le plus récent de la terrasse moyenne se placent des terrains qui n'ont malheureusement fourni que des restes précaires de *Microtinae* ; on ne peut y distinguer que des genres (*Arvicola* et *Microtus*). Ces débris sont associés à des Mammifères qui présentent une évolution plus avancée que ceux de l'horizon précédent : *Rh. hemitoechus* remplace le plus souvent *Rh. leptorhinus* et une petite forme d'*Elephas primigenius* devient abondante, tandis que *E. antiquus* est rare.

Sans doute contemporain de cet horizon est le gisement de la grotte de Clevedon qui a fourni :

Microtus ratticeps Keys. et Blas.
M. (Chionomys) nivalis Martins.
M. malei Hint.

Deux de ces espèces (*ratticeps* et *nivalis*) présentent un grand intérêt, car elles témoignent de l'arrivée en Angleterre de deux formes, alors largement répandues sur le continent. Au surplus ce sont des êtres encore vivants à l'heure présente.

Le mouvement d'exhaussement qui a débuté au Chelléen aboutit évidemment au stade de rétablissement des communications entre l'Angleterre et la France, rompues depuis la fin du Pliocène. Mais l'arrivée de ces deux *Microtus* n'implique nullement un climat particulièrement froid :

M. ratticeps et *M. nivalis* ne sont pas des espèces arctiques. *M. ratticeps* vit actuellement en Hollande, dans le Nord de l'Allemagne, en Scandinavie, en Russie. *M. nivalis* n'aborde nulle part le Nord de l'Europe. Il fait partie d'un sous-genre *(Chionomys)* répandu dans la zone moyenne de l'Eurasie, du Thibet aux Pyrénées, dont les représentants sont souvent localisés sur les hauts sommets, mais cependant pas exclusivement (*M. lebrunii*, par exemple, habite le Gard, le Var, les Basses Alpes). *M. nivalis* est une forme alpine mais nullement arctique. Il est probable que les *Chionomys* et *M. ratticeps*, qui sont des animaux assez anciens, venus d'Asie, étaient à l'origine des formes ubiquistes. Devant la concurrence d'espèces venues ultérieurement ils se sont retirés dans des refuges, où ils vivent à peu près seuls. Leur habitat est, à l'heure actuelle, nettement résiduel. Au Pleistocène, le Campagnol des neiges était largement répandu en Europe et on s'est servi de lui comme d'un indicateur des époques de refroidissement. De même pour d'autres Mammifères actuellement montagnards (Bouquetins, Marmottes). Il semble qu'il y ait là une erreur d'interprétation. Il n'est nullement démontré qu'au Pleistocène ces animaux fussent déjà localisés dans les montagnes. Au surplus, on conçoit difficilement que des animaux, strictement adaptés aux montagnes et aux hautes altitudes aient pu continuer à se développer dans les pays de plaines, au point de laisser de très nombreux restes et même de former différentes races comme c'est le cas pour les Bouquetins. Il semble que ces animaux, chassés des montagnes par les calottes glaciaires, auraient dû s'éteindre très rapidement dans un milieu tout autre, et ne laisser çà et là que des débris fort rares. Or ce n'est nullement le cas. Il apparaît donc comme plus vraisemblable que nombre de Mammifères aujourd'hui nettement montagnards ou alpins, ne le soient devenus exclusivement que depuis le Pleistocène, et cela pour des raisons de simple concurrence vitale. Comme animaux révélateurs de climats froids, on n'est en droit de citer que les habitants stricts de la zone arctique.

Les gisements les plus récents de la terrasse moyenne de la Tamise semblent s'être formés peu de temps après ceux de la grotte de Clevedon. Ils doivent correspondre à la seconde moitié ou à la fin du Pleistocène. Ils ont fourni une faune des plus intéressantes.

Microtus ratticeps K. et Bl.
M. (Ch.) nivalis Martins.
Microtus malei Hint.
Lemmus lemmus L.
Dicrostonyx gulielmi Sanford.

A ces *Microtinae* sont associés : *Castor*, *Spermophilus*, *Rhinoceros antiquitatis*, *Elephas primigenius*, *Ovibos moschatus*,

Rh. antiquitatis est commun tandis que *Rh. hemitoechus* et *Rh. megarhinus* sont devenus extrêmement rares. La grande forme d'*Elephas primigenius* est abondante. Nous voyons apparaître pour la première fois le Bœuf musqué, les Lemmings (*Lemmus* et *Dicrostonyx*), les Spermophiles. Il ne reste rien ou presque de l'ancienne faune.

Le Bœuf musqué et les Lemmings sont incontestablement des animaux arctiques. Les *Dicrostonyx* sont, au temps présent, des espèces encore plus arctiques que les Lemmings vrais, et localisées pour la plupart dans des endroits où les possibilités de vie pour les Mammifères atteignent leur limite extrême (Spitsberg, Nouvelle-Zemble, Extrême-nord de l'Amérique). Il est vrai que *D. gulielmi* est une forme éteinte dont nous ne connaissons pas les conditions de vie. Néanmoins il est permis de placer ici un changement de climat, marqué par une baisse très sensible de la température.

Une glaciation a dû se produire alors en Angleterre, à la faveur du mouvement d'exhaussement, très marqué.

D'autre part, les liaisons continentales s'affirment par l'arrivée des espèces nouvelles.

Il est difficile de savoir si la diminution ou la disparition des espèces de faunes anciennes à cette époque est due à un changement de climat seul ou à la concurrence des nouveaux arrivants.

Postérieurement aux alluvions de la terrasse moyenne de la Tamise se sont formés les beaux gisements d'Ightham et de diverses cavernes. La faune en est fort riche, bien conservée, et donne un remarquable tableau de la faune anglaise au Pleistocène moyen.

Les *Microtinae* sont représentés par :

Dicrostonyx gulielmi Sanford.
— *henseli* Hint.
Lemmus lemmus L.
Evotomys harrissoni Hint.
— *kennardi* Hint.
Arvicola abbotti Hint.
Microtus ratticeps K. et Bl
— *arvalis* Hall.
— *corneri* Hint.
— *agrestis* L.
Microtus (Stenocranius) anglicus Hint.

Ces animaux sont associés à d'autres Rongeurs : *Mus sylvaticus*, *Spermophilus*, *Ochotona (Lagomys)*, *Lepus timidus anglicus*. De plus, ils voisinent avec le Renne, le Renard polaire, l'Antilope saïga.

Rhinoceros antiquitatis et *E. primigenius* sont communs.

Les *Microtinae* que nous venons de citer montrent un grand changement avec la faune de l'horizon précédent : Il y a un apport important de nouveaux arrivants d'une part, et d'autre part, une disparition de certaines espèces, telles que *M. malei* et *M. nivalis*. De plus, il faut remarquer que *M. ratticeps* est devenu extrêmement rare ainsi que *Lemmus* et *Dicrostonyx gulielmi*. Seuls sont abondants : *D. henseli*, *M. anglicus*, *M. arvalis* et *M. corneri*, c'est-à-dire les espèces qui viennent de pénétrer en Angleterre.

La faune des Mammifères qui s'épanouit à ce moment montre des caractères mixtes. Certes, il y a présence de formes arctiques, mais elles sont mêlées à des espèces qui vivent aujourd'hui dans l'Europe et l'Asie moyennes. Ces dernières l'emportent même par le nombre. Il est donc permis de penser que le gisement d'Ightam est contemporain d'un épisode plus tempéré que le précédent.

Les liaisons continentales sont largement établies à ce moment et il est probable que le mouvement d'exhaussement amorcé au Chelléen touche à son maximum d'amplitude.

Il est vraisemblable que c'est ici que doivent se placer les liaisons entre le bloc Angleterre-Ecosse et l'Irlande d'une part, les Hébrides et les Orcades d'autre part ; ces liaisons entre les diverses Iles Britanniques permettent à la faune venue du continent de se répandre largement et de laisser dans certaines îles des représentants, qui s'y maintiennent encore de nos jours. En ce qui concerne l'Irlande, les connexions ont dû être précaires ou de courte durée. Seuls les animaux de grande taille ou se déplaçant aisément semblent y avoir pénétré. Des genres adaptés à la vie souterraine, tels que *Talpa* et les différents Campagnols manquent complètement en Irlande, soit à l'état fossile, soit de nos jours. *Sorex minutus* et *Apodemus sylvaticus*, qui sont les seuls Micromammifères d'Irlande, ont peut-être pénétré au Pliocène.

Parmi les *Microtinae* qui sont arrivés en Angleterre à cette époque, plusieurs espèces ont une importance exceptionnelle pour l'étude de la faune actuelle :

Ce sont tout d'abord les formes actuellement vivantes en Europe : *M. agrestis* et *M. arvalis*. Le premier s'est maintenu en Angleterre jusqu'à nos jours, tandis que le second s'est retiré sur le continent (on le retrouve sur la rive continentale du Pas-de-Calais).

M. corneri est une espèce dont l'histoire doit retenir l'attention. Cette forme est arrivée en Angleterre, en même temps que *M. agrestis* et *M. arvalis* ; aujourd'hui elle est éteinte ; mais nous retrouvons ses descendants directs en deux points des Iles Britanniques : d'une part, à Guernesey, sous la forme de *M. sarnius*, d'autre part, dans l'archipel des Orcades sous les formes : *M. orcadensis*, *M. o. sandayensis*, *M. o. westrae*.

Evotomys kennardi présente une évolution analogue à celle de *M. corneri*. *E. kennardi* n'existe plus à l'état vivant ; mais on retrouve çà et là sur les montagnes du continent et dans certaines îles anglaises, des formes extrêmement voisines, qui peuvent être considérées comme les descendants directs d'*E. kennardi*. Ce sont, pour le continent, les formes groupées sous le nom spécifique d'*E. nageri* et pour les Iles Britanniques les formes : *E. caesarius*, de Jersey, *E. skomerensis*, de l'îlot de Skomer, *E. alstoni* et *E. erica*, des Hébrides (îles de Mull et Raasay).

Evotomys harrissoni que nous avons vu envahir l'Angleterre avec les autres espèces ci-dessus indiquées, est, lui aussi, une forme éteinte. C'est un très proche parent d'*E. glareolus* actuel ; il est fort probable qu'il en est même l'ancêtre et qu'il s'est transformé en *glareolus*, espèce qui peuple encore aujourd'hui l'Angleterre.

Arvicola abbotti qui fit aussi partie du lot des immigrants doit être considéré comme l'ancêtre direct d'*A. sherman* actuel. Mais ce dernier n'existe plus à l'heure présente dans les Iles Britanniques, et subsiste seulement sur le continent. Par contre, nous voyons aujourd'hui en Angleterre un autre Campagnol aquatique *A. amphibius*.

Les modifications profondes constatées dans la répartition des *Microtinae* anglais, depuis l'époque où s'est formé le dépôt d'Ightam, peuvent s'expliquer en partie sans qu'il soit besoin de faire intervenir une glaciation destructrice. En effet, il est possible et même probable que toutes les espèces parvenues en Angleterre à la période d'Ightam n'ont pas pu continuer à vivre côte à côte. Il a dû se produire entre elles une concurrence. Seules ont subsisté les formes qui ont trouvé des refuges convenant à leurs besoins. Le cas n'est pas particulier à l'Angleterre. Sur le continent nous constatons que les formes d'*E. nageri* sont localisées à certaines régions, de préférence les montagnes, tandis que *E. glareolus* occupe les plaines ; l'une a l'air de fuir l'autre. En tout cas, le fait est que dans les Iles Britanniques les *Microtinae* occupent aujourd'hui, pour la plupart des points où ils vivent isolés à l'exclusion d'autres membres de la famille : *M. sarnius* à Guernesey, *E. caesarius*, à Jersey, *E. skomerensis* à Skomer, *E. alstoni* à Mull, *E. erica* à Raasay, *M. agrestis exsul* à North Uist et South Uist, *M. orcadensis* dans les Orcades méridionales, *M. o. sandayensis* à Sanday, *M. o. westrae* à Westray. Sur la grande terre comprenant l'Angleterre et l'Ecosse, trois espèces vivent ensemble : *M. agrestis*, *E. glareolus*, *A. amphibius.* Il faut remarquer pour ce dernier cas que *M. agrestis* et *E. glareolus* vivent déjà côte à côte sur le continent, et appartiennent à des genres différents. Dans les îles Britanniques, qui sont des terres de dimensions réduites et isolées, on ne voit pas vivre ensemble aujourd'hui deux *Microtinae* appartenant à un même genre.

La disparition d'*Arvicola abbotti* ou de son descendant *A. sherman* s'explique fort bien par l'arrivée ultérieure en Angleterre d'*A. amphibius* qui serait resté seul maître de la place.

Nous avons là, semble-t il, un processus (par mise en jeu d'un phénomène purement biologique) de modification des faunes, assez répandu et qui n'implique pas de changements bien importants dans la configuration du terrain ou dans le climat.

En ce qui concerne l'Angleterre ce processus doit s'appliquer encore aux divers *Mus* et *Apodemus* que nous voyons peupler les différentes îles.

Il s'applique certainement aux Lièvres. La distribution de *Lepus timidus* est résiduelle dans les Iles Britanniques et sur une bonne partie du continent. Cette espèce est en recul devant *Lepus europaeus* partout où ce dernier peut vivre. La démonstration, expérimentale pourrait-on dire, en a été faite : Dans toute la péninsule scandinave le seul Lièvre endémique est *Lepus timidus*. Voici quelques années on s'est avisé d'introduire dans le Sud de la Suède des *Lepus europaeus*, plus appréciés au point de vue gibier, vu leur plus grande taille. Ces Lièvres se sont parfaitement acclimatés et développés mais ils ont complètement éliminé, des districts où ils vivent, le Lièvre variable. Fait semblable a dû se produire dans l'Europe occidentale au moment de l'arrivée de *Lepus europaeus* qui est une espèce apparue beaucoup plus tardivement que *L. timidus*. Celui-ci a été repoussé sur les hauts sommets et dans les régions septentrionales où son concurrent ne s'aventure pas.

L. timidus est une espèce devenue alpine et septentrionale beaucoup plus par nécessité que par tempérament. Elle rentre elle aussi dans cette catégorie de « faux » indicateurs de faune froide dont nous avons parlé à propos du *Microtus (Chionomys) nivalis*. En Irlande, où le climat actuel est très tempéré, le Lièvre variable qui n'a pas à subir la concurrence du Lièvre d'Europe, prospère et se maintient depuis l'époque d'Ightam. On peut le considérer comme le descendant direct de *Lepus timidus anglicus*.

Les fossiles trouvés à Ightam n'ont pas seulement une importance biogéographique certaine mais ils présentent encore un intérêt direct au point de vue de la Systématique. La présence de *M. corneri* à côté de *M. agrestis* et de *M. arvalis* permet d'assigner à *M. sarnius* et à *M. orcadensis* une spécificité certaine. On ne peut les considérer comme des représentants insulaires de *M. agrestis* ou *arvalis*, puisque déjà leur ancêtre *(corneri)* cohabitait avec ces deux espèces. De même les *Evotomys* de l'Europe occidentale considérés, il y a peu de temps encore (1) comme de simples représentants géographiques de l'espèce *E. glareolus* doivent être maintenant séparés au moins en deux groupes bien distincts : *E. glareolus* et *E. nageri*, puisque leurs ancêtres respectifs *E. kennardi* et *E. harrissoni*, cohabitaient déjà à l'époque d'Ightam.

A une époque postérieure à celle des beaux gisements dont nous venons de parler se sont formées les alluvions de la troisième et dernière terrasse de la Tamise et de ses affluents ; ces alluvions ont fourni :

Dicrostonyx henseli Hint.
Microtus anglicus Hint.
— *arvalis* Pall.

Seul existe en grande abondance *Dicrotonyx*, tandis que les deux autres espèces sont extrêmement rares. Le changement entre cette faune et la précédente est considérable. Il semble logique de situer ici un épisode froid. Hinton va même jusqu'à considérer qu'il s'est produit à ce moment la phase glaciaire la plus intense qui ait jamais sévi sur le Sud de l'Angleterre. Ce serait l'équivalent du Würmich (dernière glaciation, Pleistocène récent).

S'il en est bien ainsi, beaucoup d'espèces ont dû être détruites en Angleterre. Nous avons insisté plus haut sur la concurrence entre les espèces comme un facteur important de modification des faunes ; mais nous admettons fort bien l'influence des conditions climatiques ; les possibilités d'adaptation sont grandes chez les Mammifères; néanmoins elles ont des limites.

C'est ainsi que *M. arvalis*, aujourd'hui absent de l'Angleterre, a pu disparaître à cette époque. La rareté de ses restes fossiles dans la dernière terrasse le montre à son déclin. Pour cette espèce, on ne peut guère invoquer la concurrence vitale. En effet, *M. arvalis* pullule sur le continent, jusqu'à la côte de la Manche, tout en vivant au contact de *M. agrestis* et d'*E. glareolus*. Il semble qu'il devrait pouvoir vivre de même de l'autre côté du détroit, à une distance qui n'excède pas une trentaine de kilomètres au point le plus rapproché des deux rives. Mais, par contre, *M. arvalis* paraît mal armé pour la résistance au froid. Durant l'hiver très froid de 1928-1929, qui ne fut pourtant qu'un épisode climatique relativement bien minime, nous avons pu assister, dans l'Est de la France, à l'anéantissement presque complet de *M. arvalis* ; par contre, les autres Campagnols (*M. agrestis*, *Evotomys glareolus*, *Pytimys subterraneus*, *Arvicola shermann*) qui vivaient au même endroit ont paru n'être en rien gênés par la perturbation climatique.

Il va de soi que si *M. arvalis* a bien été détruit en Angleterre par le froid, son absence actuelle ne s'explique que par l'impossibilité géographique d'un retour ultérieur.

Cette impossibilité géographique a-t-elle réellement existé ? Au quater-

1. G. S. Miller, *Catalogue of the Mammals of Western Europe.*

naire récent, il semble bien qu'il y ait eu une rupture des liaisons continentales puis un rétablissement de ces liaisons et enfin l'effondrement qui a permis l'établissement des conditions géographiques actuelles. Quelle a été la répercussion de ces événements sur la composition de la faune anglaise ? Il est certain que, postérieurement au dépôt des alluvions de la troisième terrasse de la Tamise, l'Angleterre a reçu encore du continent : *Lepus europaeus* et *Arvicola amphibius*. On ne retrouve les restes de ces animaux que dans les dépôts les plus récents. D'autres espèces ont-elles suivi le Lièvre et le Campagnol amphibie ? Il est possible qu'il se soit produit ici, comme antérieurement pour l'Irlande, un filtrage des espèces, ne permettant pas le retour en Angleterre de formes qui y avaient vécu auparavant, et qui se maintiennent encore sur le continent où certaines arrivent jusqu'aux côtes de la Mer du Nord et de la Manche.

* * *

Cette esquisse est et ne peut être qu'un schéma ; trop de lacunes existent encore et existeront peut-être toujours pour nous permettre de reconstituer l'histoire de la faune mammalogique anglaise, durant la dernière période géologique, avec toute la précision désirable.

En outre, il est probable que chacune des espèces a réagi, d'une façon particulière, aux facteurs géographiques, physiques, biologiques et à leurs variations au cours des temps ; il conviendrait de pouvoir suivre, pour chaque espèce, son histoire propre.

De plus, une remarque générale mérite d'être faite : on a coutume de considérer comme étant des faunes de climat chaud, les ensembles comprenant une majorité de genres retirés aujourd'hui dans les régions tropicales (Eléphants, Rhinocéros, Hippopotames, Grands Félins). C'est le cas des faunes pliocènes, par exemple. Si l'on examine, par contre, la microfaune qui était associée à ces formes de grande taille (à l'époque cromérienne, en Angleterre, par exemple) on constate que les formes représentées appartiennent à peu près exclusivement à des genres *(Cricetus, Castor, Sciurus, Microtus, Evotomys, Pytimys, Arvicola, Talpa, Sorex, Myogale)* hautement caractéristiques aujourd'hui de la zone holarctique et qui ne pénètrent pas dans les régions tropicales. Les associations fauniques nous apparaissent comme profondément différentes de celles que nous voyons à l'heure actuelle. Les espèces de grande taille ont un facies tropical, celles de petite taille un facies holarctique. La mise en place actuelle de la microfaune semble être réalisée dès ces époques reculées. Les grandes espèces, seules, auraient-elles émigré de l'Afrique et de l'Inde vers l'Europe où elles auraient rencontré une faune holarctique déjà fixée ? Ou bien, devons-nous considérer que les formes aujourd'hui holarctiques, faisaient partie autrefois de milieux à climats chauds, et que seules elles ont pu supporter une modification du climat, grâce à leur mode de vie partiellement hypogé ?

Quoiqu'il en soit, si nous restons dans les données généralement admises, l'étude des Mammifères, particulièrement de ceux de petite taille, qui ont vécu dans les Iles Britanniques durant le Quaternaire, permet de faire apparaître quelques particularités propres à l'histoire de cette région de l'Europe : les Iles Britanniques ont dû jouir de conditions climatiques différentes de celles du continent ; le nombre et la chronologie des périodes glaciaires semblent d'un type particulier, quelque peu différent des données classiques admises pour l'Europe occidentale.

Oiseaux des îles Britanniques

par

H. HEIM DE BALSAC

Les Oiseaux, grâce à leurs puissants moyens de dispersion, sembleraient devoir peupler les Iles Britanniques, ou tout au moins la partie méridionale de cet archipel, à l'instar des contrées voisines du continent : Nord de la France, Belgique, Hollande. En d'autres termes, l'avifaune britannique paraît *a priori*, ne devoir présenter aucune différence avec celle de la rive continentale. S'il est vrai que, dans l'ensemble, elle lui ressemble beaucoup il y a lieu cependant de noter plusieurs différences appréciables.

Avant d'aller plus loin, nous rappellerons, que du point de vue biogéographique, l'avifaune d'un pays quelconque comprend exclusivement les espèces *qui y nichent*. Les non-reproducteurs, portés sur les listes faunistiques à titre de migrateurs réguliers ou exceptionnels, doivent donc être exclus ici. D'autre part, nous rappellerons encore, que, du point de vue paleogéographique ici envisagé, il ne faut considérer que les espèces, au sens linnéen du mot, c'est-à-dire les types, et non pas les sous-espèces ou races issues de ces types, ces races n'ayant qu'un intérêt purement biologique.

L'avifaune britannique comprend un trop grand nombre d'espèces pour que la liste en soit donnée ici. Nous ne retiendrons que les types remarquables soit par leur endémisme, soit par leur absence imprévue, soit par leur polymorphisme dans les différentes îles de l'Archipel. Nous examinerons ensuite à quels groupements fauniques se rattachent les espèces les plus remarquables.

Endémisme. — L'endémisme paraît, à première vue, très restreint dans l'avifaune anglaise. Il se réduit à une seule espèce, le Grouse : *Lagopus scoticus*. Ce type unique est cependant à considérer. Bien des pays de l'Europe occidentale ne peuvent montrer une seule espèce qui leur soit absolument propre.

Lagopus scoticus est une espèce très remarquable, précisément par le fait de son habitat très restreint qui la fait apparaître comme une exception parmi les Lapogèdes. Le genre *Lagopus* comporte, en effet, des espèces à répartition géographique très vaste : *Lagopus lagopus* et *Lagopus mutus* se rencontrent non seulement du Japon et du Kamtschatka au Groënland à travers la Sibérie et l'Europe, mais encore dans l'Amérique du Nord. Les formes américaines que l'on rattache à *Lagopus leucurus* ont également une répartition étendue.

Seul, *Lagopus scoticus* nous apparaît comme très localisé dans son habitat : Nord de l'Angleterre, Ecosse, Orcades, une partie de l'Irlande. Très sédentaire, comme tous les Lagopèdes, le Grouse reste confiné aux peuplements d'Ericacées ; sa nourriture, à peu près exclusive durant toute l'année, est constituée par les jeunes pousses de *Calluna vulgaris*, que l'oiseau coupe aisément du bec.

L. scoticus n'est pas une forme dérivée de *Lagopus mutus* qui cohabite avec lui sur certains points de l'Ecosse et des Hébrides. Il se rapproche, par contre, de *Lagopus lagopus*. Comme ce dernier ne se trouve pas dans les Iles Britanniques on peut à la rigueur se demander si le Grouse ne serait pas une forme dérivée de ce dernier et représentant ce type dans l'archipel (1). En vérité, nous croyons que *L. scoticus* est, du moins à l'heure actuelle, une espèce véritable au sens où l'entendent les Systématiciens modernes. Mais il ne serait pas sans intérêt d'examiner de près les restes fossiles, datant du Pleistocène, trouvés en France et attribués à *Lagopus lagopus*. Une confusion entre celui-ci et *Lagopus scoticus* a pu se produire.

Espèces absentes. — Il est, dans l'avifaune des Iles Britanniques, un certain nombre d'espèces qui font défaut, sans qu'il soit facile de discerner la ou les causes de ces absences. Il y a à considérer en premier lieu un groupe de migrateurs qui viennent nicher dans l'Europe moyenne et septentrionale. Au cours de leurs migrations ils survolent les Iles Britanniques, d'une façon régulière ou irrégulière. Mais ils ne s'y fixent pas pour nicher. On ne saurait invoquer, pour justifier leur absence, la latitude trop élevée des Iles Britanniques. En effet, ces espèces atteignent sur le continent une latitude analogue et la dépassent souvent de beaucoup vers le Nord, comme nous allons le voir :

Oriolus oriolus (L.). — Ne niche, pour les régions britanniques, que dans les îles Scylly, et sur quelques points de la Cornouaille. Remonte par contre, en Suède jusqu'au 63° et atteint, en Russie le 60°.

Serinus canarius (L.). — Atteint la Poméranie. Manque en Angleterre.

Petronia petronia (L.). — Atteint ou atteignait récemment encore la Champagne et la vallée du Rhin. Manque en Angleterre.

Emberiza hortulana L. — Niche, sur le continent, jusqu'au Cercle Polaire. Manque en Angleterre.

Emberiza cia L. — Atteint les vallées du Rhin et du Neckar. Manque en Angleterre.

1. Voir la très intéressante étude de Sigurd Johnsen, sur la biologie et les plumages du Lagopède blanc (Draktskiftet hos lirypen *Lagopus lagopus* L. i Norge, Bergens Museums Aarbok, 1929).

Anthus campestris (L.). — Atteint la Suède méridionale. Manque en Angleterre.

Remiz pendulinus (L.). — Espèce considérée comme essentiellement méridionale. Remonte cependant jusqu'en Pologne et en Prusse orientale. Manque en Angleterre.

Regulus ignicapillus (Temm.). — On n'a signalé qu'un seul cas de nidification en Angleterre et ce cas est douteux. Niche jusqu'aux côtes de la Manche et d'autre part, jusqu'en Pologne et en Lithuanie.

Lanius minor Gm. — Atteint le 57° en Russie et en Sibérie. Manque en Angleterre.

Lanius senator L. — Atteint la Belgique, la Hollande, le Nord de l'Allemagne. N'a niché qu'exceptionnellement en Angleterre.

Lanius excubitor L. — Atteint le Nord de la Russie. Niche en Belgique et en Hollande. Manque en Angleterre.

Phylloscopus bonelli (Vieill.). — Atteint la Belgique. Manque en Angleterre.

Acrocephalus arundinaceus (L.). — Cet oiseau si répandu en France, et qui atteint le Jutland, manque en Angleterre.

Hippolais icterina (Vieill.). — Atteint les côtes de la Manche et de la Mer du Nord en France, Belgique, Hollande et remonte en Norvège jusqu'au Cercle Polaire. Ne niche qu'exceptionnellement en Angleterre.

Sylvia hortensis (Gm.). — Atteint le Nord de la France. Manque en Angleterre.

Monticola saxatilis (L.). — Nichait et niche probablement encore dans le Luxembourg et la vallée du Rhin. Manque en Angleterre.

Upupa epops L. — Atteint le 62°. Manque en Angleterre, bien qu'elle migre en nombre à travers les Iles Britanniques.

Coracias garrulus L. — Espèce considérée comme tout à fait méridionale. Niche cependant dans la vallée du Rhin comme nous l'avons constaté et remonte en Europe jusqu'au 61°. Manque en Angleterre.

Milvus migrans (Bodd.). — Niche jusqu'à Arkangel. Commun dans le Nord-Est de la France. Manque en Angleterre.

Circaëtus gallicus (Gm.). — Atteint la Prusse orientale et la Russie. Manque en Angleterre.

Ciconia ciconia (L.). — Atteint le 60°. Abondant en Hollande. Manque en Angleterre.

Ardea purpurea L. — Atteint la Hollande. Manque en Angleterre.

Ixobrychus minutus (L.). — Atteint la Baltique et la Hollande. Manque en Angleterre.

Otis tetrax L. — Atteint le Nord de la France. Manque en Angleterre.

Porzana pusilla (Pall.). — Atteint la Hollande. Aurait niché exceptionnellement en Angleterre.

Porzana parva (Scop.). — Atteint la Prusse orientale, la Hollande. Manque en Angleterre.

Cette liste pourrait être sans doute augmentée ou diminuée de quelques unités, selon l'appréciation personnelle des auteurs. Chacune des espèces pourrait être, certes, plus étudiée dans les détails de sa répartition en Europe. Mais ce qui importe ici, ce n'est pas tant de faire une étude approfondie de chaque forme (ce qui nous entraînerait trop loin) que d'essayer de dégager les traits dominants de l'avifaune britannique.

Les oiseaux ci-dessus mentionnés forment un ensemble groupant des familles fort différentes. Ils présentent le caractère commun de ne pas se reproduire dans les Iles Britanniques, sauf dans quelques cas exceptionnels. Les uns s'approchent de l'Angleterre jusqu'à atteindre les côtes de la Manche et de la Mer du Nord ; les autres en restent toujours assez éloignés. S'il est vrai que ces espèces remontent, pour la plupart, beaucoup plus au Nord que la latitude des Iles Britanniques, il faut remarquer que cette propagation septentrionale ne se produit que sous une longitude plus orientale que celle de l'Angleterre. Au fur et à mesure que l'on se déplace vers l'Est de l'Europe, on voit certaines espèces atteindre des latitudes plus élevées.

Tels oiseaux *(Remiz, Coriacias)* essentiellement méditerranéens en France, atteignent des contrées septentrionales dans l'Est de l'Europe. Pour expliquer les causes d'ordre purement biologiques qui motivent ces différences de répartition, il semble logique d'invoquer les différences de climats (qui déterminent pour une bonne part les conditions de vie) qui se produisent entre les régions occidentale et orientale de l'Europe. D'une part, nous voyons un climat océanique du type Breton, de l'autre un climat continental du type Polonais. Il semble fort possible que nombre d'espèces qui viennent seulement estiver en Europe aient besoin des étés chauds d'un climat continental, et ne puissent s'accommoder du climat océanique qui règne dans les Iles Britanniques. Bien entendu ce n'est pas le degré thermométrique lui-même qui agit directement sur les oiseaux ; mais le climat a une influence indirecte par les caractères qu'il imprime au milieu ambiant (Végétaux, Insectes, par exemple) dont dépendent, pour une grande part, les oiseaux.

Les autres espèces faisant défaut dans les Iles Britanniques appartiennent à la catégorie des Oiseaux sédentaires. Est-ce à dire pour cela qu'ils ne puissent atteindre l'Angleterre. Evidemment non ; les oiseaux les plus sédentaires peuvent toujours être amenés à se déplacer pour des causes plus ou moins imprévues. En fait, on peut dire que les Iles Britanniques ont fourni la capture, au moins à titre exceptionnel, de toutes les espèces européennes. C'est donc du côté biologique, tant pour les sédentaires que pour les migrateurs, qu'il faut plutôt chercher les causes des absences. Nous grouperons en différentes catégories et selon leurs affinités biologiques, les oiseaux sédentaires absents des Iles Britanniques. La première de ces catégories comprend :

Galerida cristata (L.), et *Certhia brachydactyla* Brehm.

Ces deux oiseaux présentent certaines analogies dans leur répartition sur le continent. Répandus dans tout l'ouest de l'Europe, atteignant les régions baltiques au Nord et l'Afrique Mineure au Sud, ils manquent cependant dans des îles telles que : Iles Britanniques, Corse, Sardaigne, Baléares. Des oiseaux envisagés dans cette étude ils sont peut-être les seuls pour lesquels on puisse envisager que les détroits ou les bras de mer soient un obstacle à leur propagation. Surtout en ce qui concerne *Certhia*, on ne saisit pas du tout la ou les causes biologiques qui s'opposent à son implantation en Angleterre. *Certhia* et *Galerida* sont des espèces régulièrement répandues dans le Nord de la France, la Belgique, la Hollande, et cela jusqu'à la côte.

Une seconde catégorie d'Oiseaux comprend :

Nucifraga caryocatactes (L.), *Picoides tridactylus* (L.), *Dryobates leucotos* (Bechts.), *Aegolius tengmalmi* (Gm.), *Glaucidium passerinum* (L.), *Tetrastes bonasia* (L.).

Ces espèces sont des formes qui occupent les grands boisements de l'Europe septentrionale. On les retrouve, au Sud de leur habitat normal, comme relictes, dans les massifs montagneux. Elles se localisent là dans les forêts de l'étage subalpin, et peuvent être probablement considérées comme des relictes des époques glaciaires. On pourrait s'attendre à les retrouver en Ecosse ; il n'en est rien. Il est probable que les milieux forestiers (bien qu'ils existent en Ecosse) sont trop réduits dans les Iles Britanniques pour permettre l'implantation d'espèces essentiellement sylvicoles.

Enfin une troisième catégorie d'oiseaux comprend des espèces que l'on peut qualifier d'orientales ; elles atteignent la France ou la Belgique, mais semblent se trouver là à la limite de leur extension vers l'Ouest. Ce sont :

Picus canus Gm., *Dryobates medius* (L.), *Dryocopus martius* (L.), *Muscicapa collaris* Becht.

Nous ne parlerons que pour mémoire d'espèces qui ont niché dans les Iles Britanniques mais qui furent exterminées à une date récente, probablement par l'action directe ou indirecte de l'homme : *Accipiter gentilis* (L.), *Pernis apivorus* (L.), *Haliaeetus albicilla* (L.), *Platalea leucorodia* (L., *Recurvirostra avosetta* L., *Otis tarda* L., *Grus grus* (L.), *Tetrao urogallus* L. Ces oiseaux, malgré leur absence actuelle, doivent être considérés comme faisant partie de la faune des Iles Britanniques.

Une espèce rentre dans un cas tout à fait particulier ; c'est *Syrrhaptes paradoxus* (Pall.). Cet oiseau, endémique dans les steppes de la Russie méridionale et de l'Asie centrale, s'est livré de temps à autre, notamment en 1863 et 1888, à de grandes migrations vers l'Ouest. Des masses d'individus se sont abattues sur toute l'Europe occidentale et ont essayé de s'y implanter. Durant deux ou trois années on a constaté la présence d'oiseaux et même des reproductions en Angleterre et dans les pays voisins. Puis l'espèce s'est éteinte sur place, montrant ainsi son impuissance à s'adapter à des milieux nouveaux.

Espèces remarquables se trouvant dans les Iles Britanniques. — La très grande majorité des types formant l'avifaune des Iles Britanniques sont des oiseaux caractéristiques de l'Europe moyenne. Il existe cependant un petit lot d'espèces sédentaires qui appartiennent nettement à des groupements fauniques différents et dont la présence en Angleterre est intéressante à ce point de vue. Nous grouperons ces oiseaux en plusieurs catégories.

Oiseaux de faune méridionale. — Un premier lot comprend des espèces de l'Europe méridionale :

Sylvia undata (Bodd.). — Caractéristique de la région méditerranéenne occidentale, cet oiseau, dans le midi de la France, dans la péninsule ibérique, dans l'Afrique du Nord, est lié à la brousse à Chênes-kermes ou au maquis à Cistes. En dehors de la zone méditerranéenne et lusitanienne on ne le retrouve que dans l'Ouest de la France, le long de la côte Atlantique ; il occupe tout le Massif armoricain, puis atteint les îles Anglo-Normandes et enfin pénètre en Angleterre où il occupe une aire réduite dans le Sud. Sur les côtes de l'Atlantique et de la Manche il est lié à l'association végétale de l'Ajonc (*Ulex europaeus*) qui remplace pour lui, ici, le maquis méditerranéen. *S. undata* est une espèce qui donne l'impression de s'être faufilée (1) entre le Massif central et les côtes atlantiques, jusqu'à atteindre l'Angleterre.

Emberiza cirlus (L.). — Cet oiseau présente une répartition assez analogue à celle du précédent, mais cependant un peu plus étendue. Sur le continent il occupe en quelque sorte le pourtour méridional et occidental de l'Europe, et évite d'une façon générale les pays centraux : Autriche, Hongrie, Suisse, Allemagne. Dans le Nord et l'Est de la France, il est fort rare ou inexistant. Mais il pénètre dans le Sud de l'Angleterre, ne dépassant guère la Tamise. Comme *S. undata*. il affectionne le maquis et les landes à Ajoncs.

Pyrrhocorax pyrrhocorax (L.). — Habite les régions méditerranéennes et ne dépasse pas le Massif des Alpes, au Nord. Cependant, on le retrouve sur certaines falaises de la Bretagne et des îles Anglo-Normandes. De là, il passe en Angleterre, en Irlande et remonte jusqu'aux Hébrides. Cet oiseau rupestre n'est lié à aucune formation végétale particulière et vit par colonies isolées les unes des autres.

Cette triade d'oiseaux sédentaires présente donc en Europe une répartition analogue. Leur présence sur les côtes atlantiques et dans les Iles Britanniques semble due à la douceur du climat océanique qui leur rend les hivers supportables. Nous avons vu précédemment que ce même climat océanique semblait contraire à un certain nombre d'oiseaux migrateurs qui fuient les Iles Britanniques.

Oiseaux de faune froide. — Un second lot d'espèces comprend des types de faune froide. Le plus caractéristique d'entre eux est *Lagopus mutus* (Montin.). Il vit localisé sur certaines des Hébrides et sur les sommets de l'Ecosse. Il existait aussi aux Orcades et sur quelques points du Nord de l'Angleterre. On peut considérer cet oiseau comme une relicte glaciaire. Nous avons vu précédemment que peu de relictes glaciaires existaient dans les Iles Britanniques, alors qu'on en trouvait un certain nombre, en France et dans l'Europe centrale (Alpes, par exemple). Mais nous avons signalé

1. D'une façon générale nous n'indiquons ici que les grandes lignes de la distribution des espèces et supprimons les détails qui pourraient dérouter les non-spécialistes.

également que ces espèces de faune froide étaient essentiellement sylvestres et manquaient probablement de ce fait en Angleterre. *Lagopus mutus*, lui, n'est nullement un oiseau sylvestre ; c'est, au contraire, un habitant des terrains dénudés, caractéristique des Toundras qui sont des steppes glacées. Sa présence, comme relicte, sur les sommets des Iles Britanniques semble donc très logique.

Une autre espèce, que l'on considère généralement comme relicte glaciaire est *Certhia familiaris.* A notre avis, ce n'est pas une relicte, mais simplement un oiseau de faune plutôt septentrionale, répandu de l'Europe moyenne jusqu'à la limite des arbres au Nord. Sa présence semble donc normale dans les Iles Britanniques ; mais elle offre cependant un exemple curieux des facilités de propagation de cette espèce sédentaire si on la compare à l'espèce voisine *Certhia brachydactyla.* Tandis que *familiaris* peuple les Iles Britanniques et les sommets de la Corse, *brachydactyla*, comme il a été dit plus haut, reste confiné au continent, où les deux espèces cohabitent du reste. Ces deux oiseaux mènent un genre de vie très particulier (ils passent leur vie sur le tronc des arbres à la manière des Pics), mais qui est rigoureusement le même pour chacun d'eux.

Deux autres espèces de faune froide sont encore à signaler de l'avifaune anglaise. L'une d'elles est *Turdus torquatus.* Elle niche en Scandinavie et descend dans les Iles Britanniques jusqu'à l'Irlande et l'Angleterre, ce qui est une latitude relativement basse.

L'autre est *Carduelis flammea* (L.). Comme la précédente, c'est une espèce qui atteint, dans l'Archipel britannique, une latitude vraiment très méridionale pour un type qui, par ailleurs, est franchement subarctique et arctique. Ces deux formes, qui émigrent en hiver, ne peuvent de ce fait être considérées comme relictes glaciaires. Mais le fait qu'elles trouvent dans les Iles Britanniques et sous une basse latitude des milieux à leur convenance, mérite d'être remarqué (ce ne sont pas des espèces sylvestres).

Oiseau de faune asiatique. — Enfin il existe dans l'avifaune anglaise un oiseau qui, à lui seul, représente l'élément asiatique. C'est *Carduelis flavirostris* (L.). Si nous examinons la répartition générale de ce type, nous voyons qu'il est répandu d'une façon régulière et à peu près continue depuis l'Asie-Mineure jusqu'à la Mandchourie en passant par la Perse, le Turkestan, le Thibet ; et d'autre part, il existe dans le Nord de l'Angleterre, l'Ecosse, l'Irlande, les Hébrides, les Orcades, les Shetlands et enfin sur la côte occidentale de la Norvège. Cette distribution est, à la vérité, singulière. On a l'impression d'être en présence d'un oiseau qui étendait autrefois son habitat d'une façon continue à travers l'Asie et toute l'Europe. Il est possible que les périodes froides du Quaternaire aient disloqué cette aire de répartition en deux tronçons, lesquels ne se seraient plus réunis depuis lors. En fait, les oiseaux du Nord-Ouest de l'Europe, c'est-à-dire ceux qui habitent les Iles Britanniques et la Norvège, émigrent en hiver. Mais ils ne vont pas loin et ne dépassent pas, au Sud, l'Europe moyenne : ils ne viennent pas au contact des représentants de l'espèce en Asie.

Le reste de l'avifaune britannique est très semblable à la faune du continent, sous les mêmes latitudes. Il est donc inutile de s'y attarder.

Parmi les types continentaux qui peuplent les Iles Britanniques, il est un fait qui a un intérêt purement biologique. C'est la grande proportion de races géographiques plus ou moins différenciées (sous-espèces). La différenciation sub-spécifique existe non pas seulement entre le domaine anglais et le continent, mais encore entre les différentes terres et îles britanniques. Ainsi l'Irlande présente un certain nombre de sous-espèces particulières (*Parus ater hibernicus* O. Grant, *Garrulus glandarius hibernicus* With. et Hart., *Cinclus cinclus hibernicus* Hart., par exemple), qui montrent d'une façon générale des teintes plus foncées. En Ecosse l'on trouve également des races différentes de celles de l'Angleterre (*Loxia curvirostra scotica* Hart., par exemple). Enfin dans les îles et îlots tels que les Hébrides, les Shetlands, Saint-Kilda se sont différenciées encore certaines formes (*Turdus philomelos hebridensis* Clarke, *Troglodytes troglo. zetlandicus* Hart., *Troglodytes troglo. hirtensis* Seeb.).

Nous ajouterons enfin que l'Irlande montre une diminution assez considérable du nombre des espèces terrestres par rapport à l'Angleterre, cela sans doute à cause de sa position aux confins occidentaux extrêmes du monde européen.

En résumé, les lacunes de l'avifaune britannique semblent pouvoir s'expliquer par la position extrême de l'archipel au Nord-Ouest de l'Europe, par le climat océanique, par l'absence de milieux forestiers étendus et enfin pour une petite part, par la situation insulaire du domaine anglais.

The distribution and origin of the Spider fauna of Great Britain.

by

W. S. BRISTOWE, B. A., F. Z. S.

The time at my disposal to prepare this paper is short, too short to allow me to give to it the care and thought that it deserves, but I could not bring myself to refuse a request for information from Mons. L. BERLAND. That he himself should ask me I feel as a particular honour, as he is well aware from discussions we have had that several of the views I hold on Distribution and Dispersal are directly opposed to his own. With this apology and explanation by way of introduction I can now proceed to a brief survey of the spider fauna of Great Britain.

The only two books of importance on the spiders of Great Britain are J. BLACKWALL's « History of the Spiders of Great Britain and Ireland » and the Rev. O. PICKARD CAMBRIDGE's « Spiders of Dorset ». The former was written in 1861-1864, the latter in 1879-1881 and both are now largely out of date. Neither contained much biological information, the nomenclature has been largely re-arranged as a result of Mons. E. SIMON's work, and many new species have been discovered. In 1900 the Rev. O. P. CAMBRIDGE published a list of spiders known at that date in Great Britain, but many additions have been made since then by himself, Dr A. R. JACKSON, W. FALCONER and J. E. HULL. The British list now comprises about 550 species.

Owing to England's proximity to and its comparatively recent severance from France no great difference in the fauna would be expected, and in actual fact this expectation is fulfilled. There are a certain number of species peculiar to Great Britain so far as our present knowledge goes, but it may yet be found that several of these do actually occur on the continent. Until recently it was believed that *Oonops pulcher* Templ. was common to Great Britain and the Continent, but DALMAS (1) (13) showed

1. Numbers refer to the bibliography at the and of the paper.

that confusion had arisen between different species and this one has not yet been definitely found outside Great Britain (1). Since I have myself found it both in Ireland and in the Channel Islands it will almost certainly be found in France as well. Other British spiders which have not, so far as I am aware, been found on the Continent include the following :

Oxyptila flexa Camb.
Zora letifera Falc.
Neon valentulus Falc.
Lepthyphantes cacuminum Jacks.
— *whymperi* F. Camb.
Bathyphantes setiger F. Camb.
Erigone welchii Jacks.
Tapinocyba campbellii F. Camb.
Caledonia evansii Camb.
Maro sublestus Falc.
Centromerus incultus Falc

In France the difference in climate of the Mediterranean and the northern area is very apparent and the difference in the fauna of these two areas is on that account not unexpected. In Britain owing to its relatively small size such variations in climate are not nearly so apparent, yet, as I shall show later, even small differences in temperature make a considerable difference to the fauna. First of all, speaking broadly, it may be said that as one goes northwards in Britain *Atypus*, the Tetrastica (= in part Haplogynes), the Attids and many of the larger spiders found in different families disappear, whilst the number of Linyphiids increase. This is a general observation, but let us see how the fauna of different areas is actually divided amongst these families.

I will take three families or groups of families — the *Tetrastica*, *Linyphiidae* and *Attidae* — and show how the first and third increase whilst the second decreases in numbers as we proceed northwards in Great Britain :

	Total	*Tetrastica*	*Linyphiidae*	*Attidae*
		%	%	%
Channel Islands (17,6)........	228	3,5	25	7,5
Dorset (8)	373	2,5	41	8,5
Stafforsdhire (11)	334	1,5	45	4,5
Northumberland et Durham (15)	286	1	54,5	2,5

Similarly comparing the recorded spiders of the Arctic (23) with Central America (10) and the South of South America (19) we find that the *Linyphiidae* represent respectively 44 %, 4 % and 15 %, and the *Attidae* 3,5 %, 21,5 % and 2,5 %. Making whatever allowance we may think advisable for the inadequancy of our knowledge of these areas the relative scarcity of Linyphiids and abundance of Attids in Central America is striking.

Now let us return to Great Britain and a consideration of species instead of families. That relatively small differences in temperature — and I call an average annual difference of 2° F. small — should make a difference to distribution is perhaps a little surprising, but such appears to be the case, as the range of many species terminates often quite abruptly in accord

1. Braendegaard has now recorded it from Denmark.

with temperature belts. Roughly four such belts can be recognised for our purpose, varying by 2° F. in each case except the last which is 2° upwards. These belts, which can be seen more accurately in temperature maps, may be roughly defined as follows :

1) South of a line drawn through London, Winchester, Bristol.
2) South of a line drawn from Lichfield to Liverpool and Hull.
3) North of this line.
4) On mountains.

A considerable number of species appear to be restricted to the first of these belts including the following :

Segestria bavarica C. L. K.
Gnaphosa occidentalis Sim.
Clubiona decora Bl.
Oxyptila sanctuaria Camb.
Philodromus margaritatus C. L. K.
Dictyna viridissima Walck.
Lathys stigmatisata Menge.
Hyptiotes paradoxus C. L. K.
Dipoena tristis Hahn.
Lophocarenum stramineum Menge.
Tapinocyba mitis Camb.
Acartauchenius scurillus Camb.
Epeira dromedaria Walck.
Tarentula meridiana Westr.
Phlegra fasciata Hahn.
Euophrys molesta Camb.
Synageles venator Luc.

The following, amongst several others, are not found north of the second belt :

Atypus affinis Eich.
Oonops domesticus Dal.
Scytodes thoracica Latr.
Misumena vatia Clerck.
Oxyptila scabricula Westr.
Zelotes praeficus L. K.
Enoplognatha maritima Sim.

Those found north of the second belt only, and not south of its northern border include :

Clubiona subsultans Thor.
Dictyna arenicola Camb.
Theridion bellicosum Sim.
Robertus scoticus Jacks.
Lepthyphantes cacuminum Jacks.
— *whymperi* F. Camb.
Caledonia evansii Camb.
Tiso aestivus L. K.
Dismodicus elevatus C. L. K.
Zilla stroemii Thor.
Lycosa traillii Camb.

Some of these extend up into the mountains, but the following four species are found exclusively on mountains in Scotland (or Wales or Ireland) above 1,500 ft :

Coryphoeus holmgreni L. K.
Hilaira frigida Thor.
Micryphantes nigripes Sim.
Erigone tirolensis L. K.

All these species have been recorded from various places in the Arctic at lower altitudes and they were the four adult species I found myself in Jan Mayen almost at sea level (5). The *Micryphantes* is known to occur at high altitudes in the French and Swiss Alps and the *Erigone* in the Tyrol and Swiss Alps.

These four species are sometimes described as « pre-glacial » and the explanation of their range frequently given is that as the ice retreated after the last glacial epoch they survived in habitats where the temperature was sufficiently low. I am not in favour of this view. I believe it to be unnecessary and that they have succeeded in reaching many of the areas in which they are now found by air. The glacial theory would not explain their presence in Jan Mayen since that island was never joined to any continent except by ice (5), nor in Spitsbergen since those islands were entirely covered by ice and completely barren when it began to retreat (14).

Man has undoubtedly altered the fauna of Great Britain very considerably, as he has in other countries, by his work of deforestation, irrigation and cultivation. Some species have perhaps been exterminated, whilst the range of others has been very much curtailed. This can be seen clearly by an examination of such sanctuaries as the New Forest and Wicken Fen (near Cambridge). The New Forest is the only locality in Great Britain in which *Oxyopes heterophthalmus* Latr. and *Uloborus walckenaerius* have been found, whilst the other rarities include :

Philodromus margaritatus Clk.
— *elegans* Bl.
— *emarginatus* Schr.
Thomisus onustus Walck.
Theridiosoma gemmosum L. K.
Acartauchenius scurrilus Camb.
Hyptiotes paradoxus C. L. K.
Ero tuberculata De Geer.
Araneus angulatus Clerck.
— *inconspicua* Sim.
Singa hamata Clerck.
— *sanguinea* C. L. K.
— *albovittata* Westr.
Dolomedes fimbriatus Walck.

The Wicken fen fauna (4) includes four species which have not so far been found anywhere else in the world (except in one or two of the adjoining fens), namely :

Zora letifera Falc.
Maro sublestus Falc.
Centromerus incultus Falc.
Neon valentulus Falc.

Maso gallica Sim. and *Singa herii* Hahn have not been recorded from anywhere else in Great Britain, and only one other doubtful record for *Entelecera omissa* Camb. exists. In addition there are many rarities including :

Zelotes lutetiana L. K.
Clubiona subtilis L. K.
Thanatus striatus C. L. K.
Lycosa farrennii Camb.
Trochosa spinipalpis F. Camb.
— *leopardus* Sund.
Marpessa pomatia Walck.
Lophocarenum subæqualis Westr.
Mengea warburtonii Camb.
Gongylidium murcidum Sim.
Taranucnus setosus Camb.
Baryphyma pratensis Bl.
Wideria melanocephala Camb.
Tetragnatha nigrita Lend.

So many species have been imported by man in plants, merchandise, etc. that in many cases it is impossible to say whence they originally came and which formed part of the original fauna. It is safe to say that such species as *Theridion tepidariorum* C. L. K., *Hasarius adansonii* Sav. and other species that are restricted to, but breeding in, Hothouses in different parts of England have been imported with plants from warmer climates. Several of our house spiders have a worldwide distribution and here again it seems clear that man has unwittingly helped to disseminate such species as *Scytodes thoracica* Latr., *Tegenaria derhamii* Scop., *Pholcus phalangioides* Fuess., *Teutana grossa* C. L. Koch and *Meta menardii* Latr. When we come to other spiders that are only visitors to houses, that are found in habitats other than houses or that have not got a wide range abroad the certainty that Great Britain was not their original home no longer exists although in most cases it seems likely that they were imported. The following species must be included in this category :

Liocranum domesticum Wid.
Scotophoeus blackwallii Thor.
Tegenaria atrica C. L. K.
T. parietina Fourcr.
Steatoda bipunctata Linn.
Theridion denticulatum Walck.
Porrhomma egeria Sim.
P. thorellii Herm.
Lepthyphantes nebulosus Sund.
Zilla x-notata Clerck.

Many imported spiders are found in the Docks but by far the greater majority of species never become established. There are large tropical Aviculariids for instance, and *Heteropoda venatoria* in abundance which comes in with bananas. *Zoropsis maculosa* Camb. is another banana species which frequently arrives in consignments from the Canary Islands. *Teutana grossa* C. L. Koch, *Tegenera derhamii* Scop. and *Pholcus phalangioides* Fuess. which on the other hand do survive in houses in some parts of England, have been sent me from the London Docks. Single records exist of the finding of *Argiope bruennichii* Scop., *Segestria florentina* Ross. and *Euophrys lanigera* Sim. under circumstances which do not allow us to say how they reached these shores, whilst *Scytodes thoracica* Latr. and *Eresus niger* have occurred on such rare occasions that one hesitates to include them in our fauna list, although this is usually done. Were such a striking species as *Eresus* native to this country, surely it would have attracted the attention of naturalists other than arachnologists ? If it is native then it must be extremely local and rare. One wonders how the males of such excessively rare species can find their mates, for, although they use scent organs for this purpose, this sense is not on a par with that of male moths and in any case they do not possess wings.

Points arising from what I have said include the following (1) that England was joined in comparatively recent times to France so the problem of the affinities of the fauna is not hard to find (2), that man modifies the fauna of any country by his labours and by the introduction of new species, and (3) that once a species is imported it is still very doubtful whether it will survive and rear offspring as spiders have very definite climatic requirements. I have mentioned temperature in particular but actually other factors such as humidity, exposure and competition should also be taken into account. There still remains one question with which I must deal, namely the importance of aerial migration as a factor in dispersal, and therefore distribution. That many spiders launch forth on « parachutes » is a well known fact and I have recently discussed this question elsewhere in some detail (7). I believe that the colonization of oceanic islands has been effected chiefly by this means, but it is only fair to state that Mons. L. BERLAND does not agree with me (1, 2). He in fact prefers to rely on land-bridges, the previous connections of islands with mainlands and the agency of man in transporting species from place to place.

The difference in fauna between islands and adjoining mainlands or between different parts of the same mainland can in my opinion be adequately explained by (1) the admittedly fortuitous nature of this means of dispersal dependent as it is on the direction of winds and the growth and chances of the sexes meeting later (for with few exceptions outside the family Linyphiidae the spiders are young when the flights are made), and (2) the climatic requirements of each species as I have shown both here and elsewhere being within such rigid limits (7). I lay special stress on this second point as it is undoubtedly of great importance and one about which we as yet know very little. The affinities of the species found on an island as evidence of land-bridges, etc. should only be used with great care. The fauna of the Canary Islands does not resemble that of the African mainland, less than 100 miles distant, but a large proportion of the species are Mediterranean — an area at least ten times that distance away — which resembles it far more in climate than the adjoining west coast of africa. Were the sea to join the Thames estuary with that of the Bristol Channel forming an island of the southern portion of England we should have perhaps twenty five species of spider not found in the northern island but all common to France. Had we not known that this is due to temperature and that the severance happened yesterday we should be tempted to bring forward theories of land bridges with southern France of a more recent date than connection with the northern island :

Statistics are valuable but they must be used with extreme care. By way of a further example of this danger, if I may digress for a moment, I should like to mention a recent statement in an English newspaper that 75 % of British criminals were fair. This, although it is obviously only an approximate figure, is nevertheless very significant if taken alone, but careful investigation in various parts of England indicates that about 70 % of the total population is fair, from which we may infer that the chances of dark and fair members of the population committing crimes are about equal after all !

Having pointed out the danger of incomplete statistics let us now see what facts we can muster bearing on this question of the efficacy of aerial flights in the dispersal of spiders, since it is of importance for us to decide whether there is an interchange of species by this means between England and France.

Firstly, we know that large numbers of spiders embark on these flights (7). Although they must descend somewhere it is not easy to observe this and impossible in most cases to tell the distance they have travelled. Ships cover a very small area out at sea at any given moment so the chances of a descent on board are relatively small and the number of people who would notice and trouble to record such an event is only a very small proportion of the passengers. The descent may not be a spectacular event as it might well consist of any number from one to many small spiders. DARWIN records the descent of numerous small spiders on the Beagle when they were at least sixty miles from the nearest land (12) and Mc COOK an instance when a ship's rigging became covered with spiders at a distance of two hundred miles from the South American coast (18). Are we to look on it as a coincidence that that great observer Charles DARWIN should be on board when an extremely rare occurrence like this takes place, or is it not preferable to believe that it is not so rare after all, but that it normally goes unnoticed or unrecorded ? They must descend somewhere, they are known to attain considerable altitudes, their descent may not be spectacular, time even for unusual occurrences (if these two records really are such) is ample, and finally had these ships been islands the species would have had the chance of establishing themselves.

Next, let us consider the question of oceanic islands. Even if we are ardent supporters of Wegener's theory or of extensive land-bridges, some islands of recent volcanic origin would appear never to have been joined to a mainland. These islands, even where they be uninhabited, support a fauna which always includes spiders no matter what other groups are absent. How did these spiders arrive except by air ? The uninhabited Arctic island of Jan Mayen which I visited in 1921 is entirely volcanic and appears to be of recent, probably of Quaternary, origin (5). The nearest land is 350 miles distant yet the spider fauna consisted of species of Linyphiid (1) the family which indulges in aeronautics to the greatest extent. In Europe these particular species are restricted to mountains so there is little question of Whaling vessels having transported them there on their visits to the island.

The recent geological history of Spitsbergen appears to be as follows (14) : « the islands were connected to each other and to the continent of Europe by land before the Pleistocene Ice Age, when all these regions sank much below sea-level, with the result that Spitsbergen became isolated from Europe by the Barents Sea. This isolation has remained to the present day. At the time of maximum glaciation the preglacial flora and fauna was wiped out by a thick covering of ice, such as still exists on North-East land. When the ice retreated, the islands were entirely barren,

1. *Coryphoeus holmgreni* L. K. *Hilaira frigida* Thor.
Micryphantes nigripes Sim. *Erigone tirolensis* L. K.
Microneta sp. young.

and inasmuch as there has been no land connection with Europe since that time, the present flora and fauna must have reached them by other means. »

The spider fauna comprises nine species and of this number all except one, a *Micaria*, are Linyphiids (16). The *Micaria*, *M. eltoni* Jacks. and *Lepthyphantes hyperboreus* Str. do not so far seem to have been found elsewhere.

Mr C. S. Elton (14) gives very complete observations which show that large numbers of an Aphid (*Dilachnus picea* Pz) and Syrphid fly (*Syrphus ribesii* Linn) arrived in Spitsbergen from northern Europe over 800 miles of sea. Their appearance, which was independently noted in more than one part of North East Land, followed two days of strong southerly winds. They were found in vast numbers on the snowy sides of mountains. Neither species is known from Spitsbergen, and no suitable food plants such as Spruce exists there on which the *Dilachnus* could live. If Aphids and flies can successfully travel this distance and survive in the Arctic I am satisfied spiders can also.

The island of Krakatoa appears to resemble that of Spitsbergen in some ways, for in the one case the fauna was blotted out by volcanic lava and ashes and in the other by ice. Krakatoa is half way between Java and Sumatra and about twenty five miles distant frome each. In 1920 Dr. K. W. Dammerman of Buitenzorg, Java collected about fifty species of spider there, but unfortunately these have not yet been worked out. Since expeditions a fews years after the eruption found no sign of vegetation or arthropod life it is apparent that these have all reached the island in the last forty five years.

I could cite the case of other oceanic islands if space permitted, but let me leave them and turn to mainlands. I have shown that spiders are very particular as to environmental conditions and it is common experience that whereas some species are restricted to houses, others are found in marshes, others on sand hills and yet others, in our latitudes, on mountains only. Even if we admit the possibility of all islands having once been joined to a mainland we have still considerable difficulties to face. How do house-spiders, which cannot survive in the open air for various reasons, travel from house to house ? The obvious answer is that man carries them from house to house in furniture, books, etc., but this explanation will not suffice when we come to consider sand hills, marshes or mountains. The problem is identical with that of oceanic islands, but in this case we are certain that the different sand hills, marshes and mountains were never all connected and that man did not transport plants, spiders, etc. from sand hill to sandhill, from marsh to marsh or from mountain to mountain. To place negative evidence (i. e. the absence of definite observation of the colonization of islands) in support of Wegener or land bridge theories would therefore not release us from the necessity for finding an explanation of an identical problem on our mainlands. True, a spider is more likely to reach a suitable habitat five miles away than fifty or five hundred, but the method is surely the same and almost unlimited time is at our disposal for unusual occurrences to take place.

The fact that the fauna of marshes in different parts of this country and northern France are so similar (and the same can be said of sand hills, mountains and other well-defined habitats) points in my opinion to a singularly efficient means of dispersal coupled with very rigid environmental requirements which eliminates all but the few which are suited to those particular conditions. I do not mean to infer that all spiders can survive in one habitat only, but my intention is to point out that this is so for many species and that these species occur in the different isolated areas wherever suitable conditions prevail.

I do not suggest that all families genera and species of spider can travel from place to place equally efficiently by means of « parachutes ». Investigation of the known facts shows that.

1) Linyphiids carry out definite migrations in the adult state in the autumn, and to a less extent spring months,

2) That most other families resort to aeronautics when they are young but not in such concentrated masses. Both these points lessen the likelihood of their establishing themselves, as they must brave the perils of their new habitat and then effect a meeting of the sexes.

3) That existing evidence suggests that the more primitive spiders, i. e. *Mygalomorphae* and *Tetrastica* (= in part Haplogynes) do not make use of this means of dispersal (1). They are for the most part nocturnal and the majority do not trail a thread as they walk — a fact which may have an important bearing on the origin of aerial excursions.

With these facts in our possession we would expect to find (a) that the principal Linyphiid aeronauts have a wide range in areas where climatic conditions are suitable and (b) that the *Mygalomorphae* and *Tetrastica* species have a restricted range. Evidence does actually support both these conclusions. In Britain the most frequent aeronauts are *Erigone dentipalpis* Wid., *E. atra* Bl., *Micryphantes rurestris* C. L. K., *Savignia frontata* Bl., *Oedothorax fuscus* Bl. and *Bathyphantes gracilis* Bl. (7). All these species have a wide range in temperate regions and from our incomplete knowledge of these small spiders we know that at least four extend into northern Africa, whilst one is found in North America and one in New Zealand. The reader should be reminded that Linyphiids are essentially inhabitants of cool climates and even in the Mediterranean area they are relatively scarce. With the *Mygalomorphae* and *Tetrastica* the reverse is the case so we must go to tropical or sub-tropical countries to examine their range. The result of such an investigation clearly shows us that all but those species which are associated with man or known to be transported by him, such as

1. Even if there are exceptions this appears to be a general rule. Enock records having seen *Atypus affinis* scatter by means of threads (*Trans. Ent. Soc.*, 1885).

Dysdera crocota C. L. K. and *Scytodes thoracica* Latr., have a very restricted range even on mainlands. Pocock has clearly shown how distinct the genera of Mygalomorphae in one part of the world are from that of any other (20).

Most of the Pacific Islands were undoubtedly joined to a mainland at one time, but geological evidence appears to point to this never having been the case with Samoa and the Sandwich Islands. These groups differ from the other islands considerably in the nature of their fauna, but have several things in common with one another. Thanks to Berland (3) and Simon (21)) we know something about the spiders of these groups and examination shows that several families are entirely missing. In both the *Mygalomorphae* are entirely unrepresented, whilst the following species alone belong to the *Tetrastica* :

Samoa.	*Loxosceles rufescens* Duf.
	Scytodes marmorata L. K.
Sandwich Isles.	*Dysdera crocota* C. L. K.
	Scytodes marmorata L. K.
	Ariadna perkinsi Sim.

All these are fairly cosmopolitan species except the last, and have almost certainly been carried from place to place by man, so, out of 81 spiders known from Samoa and 121 from the Sandwich Isles we have apparently one species only from the « nonflying » groups of families the *Mygalomorphae* and *Tetrastica*. Both are primitive (i. e. old-established) groups, so if the fauna had been derived from a mainland to which it had been joined at some distant date we should expect to find them represented. The absence of *Drassidae* from Samoa and the surprisingly poor representation of the *Thomisidae* and *Agelenidae* in both groups of islands would be difficult to explain on the assumption that the fauna was derived from a mainland connection, but that chance has not wafted aeronauts of these families (which do not appear to be well represented in flights either in Europe or North America) to these islands could easily be understood.

To summarise the conclusions at which I arrive, I believe,.

1) That an island, such as Britain, which was once joined to a continent, will have a fauna in the main similar to that of the continent at the time of severance provided the environmental conditions are similar.

2) That after severance has taken place new varieties and species may be formed on the island or on the continent, which may or may not spread from the one to the other.

3) That there will be a constant interchange of species through the agency of man and the aerial flights. Man will transport mainly those species which associate themselves with his buildings or merchandise and the distance by which the two areas are separated is of little importance. Most families and a great many species will be dispersed by aerial flights and the extent to which interchange takes place will vary as a rule inversely

with the distance. The direction and strength of the wind at particular times in the year may have an important bearing on this.

4) That the safe arrival of species, on the island or mainland does not necessarily result in the establishment of the species. It will still be necessary for the spiders to reach maturity (except in the *Linyphiidae*), for males and females then to meet, for the species to compete with the existing fauna and for it to survive the climatic conditions of the environment in which it finds itself.

This last point is of particular importance as the different factors which go to make up the climate each have a well defined limit which varies for different species. If any one of these limits is exceeded, whether it be in temperature, humidity or exposure, the species will not survive.

BIBLIOGRAPHY

1. Berland (L.). — *Compte Rendu Somm. des Séances de la Soc. Biog.*, n° 23, 1926.
2. — Proc. 3rd. Pan-Pacific Science Congress, Tokyo, 1926.
3. — Insects of Samoa. Pt. VIII, British Mus., 1929.
4. Bristowe (W. S.). — The Natural History of Wicken Fen, Pt. II, 1925.
5. — *Ann. Mag. N. H.*, April 1925.
6. — *Proc. Zool. Soc.*, Pt. II, 1929.
7. — *Proc. Zool. Soc.*, Pt. IV, 1929.
8. Cambridge (O. P.). — Spiders of Dorset, 1879-1891.
9. — List of British and Irish Spiders, 1900.
10. Cambridge (F. O. P.). — Biologia Centrali Americana. Araneidae. Vol. II.
11. Carr (L. A.). — *Trans N. Staff. Field Club*, 1918, p. 71, 1919, p. 102.
12. Darwin (C,). — A Naturalist's Voyage Round the World.
13. Dalmas. — *Ann. Soc. Ent. Fr.*, 1916.
14. Elton (C.). — *Trans. Ent. Soc.* Aug. 1925, p. 289.
15. Jackson (A. R.). — *Trans. H. N. S. North, Durh.*, Newcastle, 1906, p. 337.
16. — *Ann. Mag. N. H.*, Jan. 1924.
17. Marquand (E. D.). — *Guernsey Soc. N. S.*, 1907, p. 307.
18. Mc Cook (H. C.). — American Spiders and their Spinning Work, 1889-1893.
19. Merian (P.). — *Rev. del. Mus. de la Plata*, XX, 1913.
20. Pocock (R. I.). — *Proc. Zool. Soc.*, 1903, p. 340.
21. Simon (E). — Fauna Hawaiiensis, Vol. II, Pt. V., Vol. III, Pt. IV, 1900.
22. — Histoire Naturelle des Araignées, 1892.
23. Strand (E.). — Fauna Arctica, 1906.

The Orthoptera of the British Isles.

By

B. P. UVAROV

The great majority of Orthoptera are thermophilous and xerophilous insects. It is not surprising, therefore, that this group is represented in the fauna of the British Isles by a very small number of species, and there is no reason to believe that further studies of the British fauna will add more than one or two species to those already known.

It can be considered, therefore, that the general composition of the British Orthopterous fauna is well studied. This, however, can not be said with regard to the distribution of its members within the islands. Indeed, more or less complete local lists of Orthoptera exist only for a few counties, while wide areas, as for example, practically the whole of Ireland, remain scarcely explored. Moreover, the bulk of the available distributional data are purely geographical, being mere records of the occurence of a given species in a given locality, or county, while very little is known of the connection between the distribution of each species and the ecological conditions. It is true that in local lists some data are usually given as to the kind of habitat where each species can be found, but such data are usually of very little value, except as hints for collectors, since the authors do not even try to correlate the habitats with the accepted ecological classification. The lack of fundamental ecological studies makes it difficult to account for various details in the distribution of species in the British Isles, and, coupled with the incompleteness of the geographical data, prevents me from presenting in this paper anything but a preliminary consideration of the fauna.

Before proceeding with a general discussion of the main faunistic groups, I will give a list of British Orthoptera, with brief remarks on the distribution of each species within the British Isles, as well as its range and affinities outside them. The list and the local distributional data are based mainly on the well known book on British Orthoptera by Lucas (1); the zoogeographical characters and the probable origin of each species are in accordance with the general outline of the history of the Palaearctic fauna, presented by me in another paper (2).

Annotated list of British Orthoptera.

Blattidae

1° *Ectobius lapponicus* (L.).
2° *Ectobius pallidus* (L.).
3° *Ectobius panzeri* (Stephens).

British representatives of *Ectobius* in the British Museum collection have been recently revised by Dr. W. Ramme, who has found the three above named species among them. However, as our knowledge of their distribution either within the British Isles, or in the Palaearctic region generally is insufficient to warrant any conclusions as to their zoogeographical character, I believe that it would be safer to leave these cockroaches out of consideration in the present discussion.

4° *Blatella germanica* (L).
5° *Blatta orientalis* (L.).
6° *Periplaneta americana* (L.).
7° *Periplaneta australasiae* (F.).
8° *Leucophaea surinamensis* (L.).

These five cockroaches are all cosmopolitan insects, introduced by man, and living only under artificial conditions.

Gryllidae

9° *Gryllotalpa gryllotalpa* (L.).

The mole-cricket is quite widely distributed, though not very common, throughout England, Ireland and Scotland.

Zoogeographical character of this species is not very clear. It has a wide distribution in the Palaearctic region, apparently occupying the whole of it, with the exception of the extreme north. The genus *Gryllotalpa* and the whole group to which it belongs are, however, mainly tropical in their distribution, and species are more numerous in humid tropical and sub-tropical climates. I am inclined to think, therefore, that *G. gryllotalpa* may be regarded as a representative in the British and in the Palaearctic fauna generally of an ancient (perhaps Tertiary) fauna, associated with warm moist climate. Since undoubted relics of such a fauna are found amongst other Orthoptera, it appears that there is nothing unreasonable in suggesting that the mole-cricket survived the Glacial period well protected from cold by its underground habits.

10° *Nemobius sylvestris* (Poda).

Known mainly from the South of England (New Forest, Devonshire, Isle of Wight, Derbyshire).

General distribution of the group to which the genus *Nemobius* belongs is practically the same as that of *Gryllotalpini* and we may assume that the history of *N. sylvestris* on British Isles was similar to that of the mole-cricket.

11° *Liogryllus campestris* (L.).

The field-cricket is rare and local in the British Isles, occuring mainly in the south of England in warm and dry habitats. The species is distributed over practically the whole of Europe reaching as far east as the Ural mountains, and occuring also in Northern Africa, Asia Minor and Syria. Most of the other species of the genus are tropical.

12° *Gryllus domesticus* (L.).

The history of this insect in the British Isles is a most interesting one. A native of the Eremian region (5), it has been introduced here, as well as into other countries, through the agency of man. The climate of the country proved to be of the kind unsuitable for the cricket and it was for many years, perhaps even centuries, found only in the warm and dry parts of human habitations, most often in kitchens and similar places. Recently however, it was discovered that the house-cricket can live successfully throughout the year in the open, namely in the refuse dumps which it has obviously reached with the kitchen rubbish. The microclimatic conditions in the dumps, slowly burning from self-combustion, apparently proved to be perfectly suitable for the cricket, and thus this native of the desert found a secondary open-air habitat in a country with a general climate totally different from that of its original home. The abnormally hot and dry summer and autumn of 1929 had a remarkable effect on the house cricket in England, and its chirping was heard very often in the streets of London suburbs, and even in the fields. There is no doubt that the crickets took full advantage of the temporary change in the climate and began migrating from the houses in the open. With the advent of the belated autumn rains and cold nights, the crickets disappeared from streets and fields, probably again finding shelter in houses. These changes of the habitat clearly demonstrate the natural tendency of the species to extend its range of distribution.

Tettigoniidae

13° *Tachycines asynamorus* Adelung.

A native of the Far East, imported with plants into hot-houses, of which it became a permanent inhabitant.

14° *Leptophyes punctatissima* (Bosca).

Known mainly from the south-eastern parts of England while only isolated records are available from Wales, Ireland and Scotland.

The sub-family *Phaneropterinae* to which this species belongs is clearly tropical in its present distribution and in the origin, and there is scarcely any doubt that *L. punctatissima*, distributed now over the greater part of Europe, must be regarded as a tropical relic.

15° *Phaneroptera falcata* (Poda).

LUCAS quotes two definite records of the occurence of this species in the extreme South of England. The author includes the species amongst casual members of the British fauna, but it is obviously indigenous there, for its powers of migration are very small, and I think it is correct to regard it as a true member of the fauna, though occuring only rarely and in a few isolated spots.

In its zoogeographical character this species differs very little from the preceeding one, being more stenothermic and not extending its range as far north as the *Leptophyes*.

16° *Meconema thalassinum* (F.).

Fairly common on oaks and some other trees in England and Ireland, while its occurence in Scotland has not yet been definitely proved.

The genus *Meconema* belongs to a very ancient subfamily *Meconeminae*, in which less than a score of genera are at present known. In the Palaearctic fauna there are three genera, two of them in the Mediterranean region, and one endemic to the Canary Islands. It is reasonable to regard *M. thalassinum* as a relic of an ancient xerophilous fauna of the Mediterranean, or Atlantic, type.

17° *Pholidoptera griseoaptera* (De Geer).

Known from England and probably occuring in Wales.

The species enjoys a wide distribution in the Palaearctic region, but does not extend its area into Palaearctic Asia. The genus *Pholidoptera* is clearly Mediterranean, or, more exactly, Anatolian in its present distribution, but there is no doubt as to its Atlantic origin.

18° *Metrioptera albopunctata* (Goeze).

Restricted in its distribution in the British Isles to the southern coast of England; there exist only isolated records of its occurence in Suffolk and at Derby.

In its general distribution this species is similar to the preceeding one, though more xerothermic, and therefore extending its area farther south and east, than *Ph. griseoaptera*. The group of the genus to which *M. albopunctata* belongs is clearly Atlantic in its origin.

19° *Metrioptera brachyptera* (L.).

Known only fron England and occuring on moist peaty ground.

This and the following species differ from their congener. *M. albopunctata* by belonging to a group of the genus, which had a somewhat different history. Species of this group are distributed mainly in the temperate Asia and one is proper to Northern America. In the Palaearctic region species of this group inhabit more northerly zones and reappear again in the southern mountains (Caucasus etc.). These features of distribution enable us to refer the group, as regards its origin, to the Angara fauna.

20° *Metrioptera roeselii* (Hagenbach).

According to Lucas this species occurs sparsely on the southeastern coast of England, mainly about the mouth of the Thames and on the eastern coast, south of the Humber.

General considerations on this species are similar to those on the preceeding one.

21° *Decticus verrucivorus* (L.).

Considered rare and is known only from a few localities in the south of England.

General distribution similar to that of *Ph. griseoaptera*; the genus is Atlantic in its origin.

22° *Tettigonia viridissima* (L.).

Widely distributed in England, not known from Ireland, and doubtfully recorded from Scotland.

This species populates practically the whole of the Palaearctic region and belongs to a small and ancient sub-family, represented by a few isolated genera in the Palaearctic region on one hand, and in Australia on the other. The genus *Tettigonia* should be regarded as an Atlantic relic.

23° *Conocephalus dorsalis* (Latreille).

Restricted to marshy habitats near the southern and eastern coasts of England.

In the more northerly parts of the Palaearctic region there are two species of this genus, which is very abundantly represented all over tropics and sub-tropics of the whole world. It is perfectly clear that this species is a relic a Tertiary tropical fauna.

Acrididae

24° *Stenobothrus lineatus* (Fischer) *sbsp.*

Occurs only in the south of England in dry grassy habitats.

British representatives of this species are clearly distinct from the continental ones by their smaller size and some minor structural details. These differences are sufficient to be considered of subspecific value, and Mr. S. P. Tarbinsky, who is revising the genus *Stenobothrus* will shortly describe the new subspecies.

The genus *Stenobothrus* is a typical member of the Palaearctic steppe fauna, derived from the more xerophilous and thermophilous section of the old Angara stock. The only British representative of the genus is widely distributed over the steppes of Eastern Europe, and of Western Asia. while in the Western Europe it occurs sporadically, mainly in the mountainous districts.

25° *Omocestus ventralis* (Zetterstedt) (= *rufipes*, Zett.).

Known from England and Wales.

This is a typical Angara element of mesophilous habits.

26° *Omocestus viridulus* (L.).

Distributed over practically the whole the British Isles.

Like the preceeding species, *O. viridulus* is Angaran in its origin, but nhabiting cooler and moister habitats, and is accordingly distributed farther northward in the Palaearctic region.

27° *Myrmeleotettix maculatus* (Thunberg).

Somewhat more xerothermic than *O. viridulus*, but similar to it in the distribution both in the British Isles and outside them.

28° *Chorthippus (Stauroderus) bicolor* (L.).

The commonest of all British Orthoptera, occuring practically throughout the Isles.

A true member of the Angara fauna, strongly eurythermic, adaptable to various habitats, and therefore populating practically the whole of the Palaearctic region, except its most southern parts, where it is replaced by other, closely allied, species.

29° *Chorthippus (Stauroderus) vagans* (Eversman).

Only once recorded from England (4).

Belongs to the steppe group of the Angara fauna.

30° *Chorthippus (Stauroderus) parallelus* (Zetterstedt).

Common throughout the greater part of the British Isles, not yet recorded from Ireland, though probably occuring there as well.

An Angaran species of mesophilous habits.

31° *Chorthippus (Chorthippus) albomarginatus* (De Geer).

Fairly widely distributed in England, North Wales and Ireland.

Another member of the Angaran family, more xerothermic than *Ch. parallelus*.

32° *Gomphocerus rufus* (L.).

Known only from England.

Also an Angaran species of wide distribution.

33° *Mecostethus grossus* (L.).

Somewhat uncommon and of sporadic distribution in England ; known also from Ireland, while Scottish records are uncertain.

The genus *Mecostethus* occurs both in the Palaearctic and in the Nearctic regions mainly in their northern parts, and is a typical representative of the Angara fauna.

Tetrigidae

34° *Acrydium subulatum* (L.).

Common in England and known from Ireland.

35° *Acrydium kiefferi* (Saulcy).

This species is usually recorded under the name *A. bipunctatum*, but all British specimens studied by me belonged to *A. kiefferi*, so that the presence of the true *A. bipunctatum* in the British fauna has yet to be proved.

36° *Acrydium kraussi* (Saulcy).

Known to me only by a few specimens from Scotland, in the Cambridge Museum.

All three species of *Acrydium* are members of the essentially tropical family *Tetrigidae*, and must be considered relics of a hygrophilous tropical fauna.

Discussion

Out of 36 species of Orthoptera, inhabiting the British Isles a very considerable proportion, viz. 9 species, or a quarter of the whole number, must be considered as members of a very ancient tropical fauna. These species are as follows :

Gryllotalpa gryllotalpa.
Nemobius sylvestris.
Liogryllus campestris.
Leptophyes punctatissima.
Phaneroptera falcata.
Conocephalus dorsalis.
Acrydium subulatum.
— *kiefferi.*
— *kraussi.*

It must not be assumed, however, that the history of all these species has been identical. Some of them almost certainly survived through the various climatic changes on the spot. Here belongs, in my opinion, the mole-cricket *(Gryllotalpa)* the subterranean habits of which make it less susceptible to climatic conditions. Further, I would refer to the same group *Nemobius sylvestris*, *Conocephalus dorsalis* and three species of *Acrydium*. These five species are all more or less hygrophilous or at least mesophilous, and their survival through the Glacial period indicates that the climate of that period was characterised not so much by extreme cold as by the abundant moisture, which was fatal to more xerophilous species.

The remaining three species of the tropical group *(Liogryllus*, *Leptophyes* and *Phaneroptera)* had perhaps a different history, as they are all decidedly more xerothermic than the others. I am inclined to suggest that these species have arrived to the British Isles from more southern parts of the Palaearctic region, where they had a better chance to survive the Glacial period. It is impossible, of course, to say when their migration could have taken place.

The second group of species has been called Atlantic, since there is every reason to associate the fauna to which they belong with the the continent of Atlantis. The group consists of following five species :

Meconema thalassinum.
Tettigonia viridissima.
Pholidoptera griseoaptera.
Metrioptera albopunctata.
Decticus verrucivorus.

These species belong to the fauna which Scharff (3) has called Lusitanian, and which he considered to have arrived to the British Isles when there still existed a land connection between the latter and the Iberian Peninsula. I am inclined, however, to regard them as true relics of the rich xerothermic fauna of the Atlantis, which continent has probably stretched as far north-eastwards, as the southern coasts of Ireland and England. This xerothermic fauna has been later exterminated by the advent of more humid conditions, leaving only a few survivals in more suitable habitats.

While the fourteen species discussed above may be considered to represent relics of two faunas, differing in their origin, but both indigenous to the British Isles, there is still another group of species which are obviously more recent invaders. This group includes the following twelve species, i. e. exactly one third of the whole fauna.

Metrioptera brachyptera.
— *roeselii.*
**Stenobothrus lineatus.*
**Omocestus ventralis.*
— *viridulus.*
**Myrmeleotettix maculatus.*
Chorthippus bicolor.
* — *vagans.*
* — *albomarginatus.*
— *parallelus.*
Gomphocerus rufus.
Mecostethus grossus.

It will be noticed that the group comprises all British *Acrididae*, and two of the *Tettigoniidae*. The general distribution of all these species and their affinities, make it perfectly clear that they belong to the fauna, which has originated in the Angara continent of geologists (corresponding roughly to the present day Mongolia, and adjacent parts of Siberia and China), and migrated north-eastwards into northern America and westwards into Europe. This was the great migration of the tundra and steppe animals, when the saiga antelope has reached England. I am not competent to say whether any of the higher animals taking part in that migration survived till our days in the British Isles, but there is no doubt that without this invasion the British fauna would have been without a single species of short-horned grasshoppers, while now there are ten of them.

The Angara group is not entirely homogeneous, but includes some species preferring moist habitats on one hand, and some mesophilous species, on the other hand. Members of the second group are five in number, and are marked on the list with an asterisk ; they belong to the same steppe fauna to which belonged the saiga antelope.

It is usually assumed that the invasion of the Angara fauna into Europe has taken place after the Glacial period, but it appears equally feasible that the tundra and steppe condition may have developed in Europe before the advent of the glaciers as well as after them. This is, however, a problem which can not be solved on the basis of the distribution of Orthoptera alone, and wich does not concern us at present.

There are still ten species of the British Orthoptera which do not belong to any of the above groups. Three of them are cockroaches of the genus *Ectobius*, which I had to leave out of consideration because of the insufficient knowledge of the general distribution of the genus. Five other cockroaches and the long-horned grasshopper *Tachycines asynamorus* can live only if they are protected from the vagaries of the British climate ; they are all obviously imported into the country by human agency. The last remaining species, the house-cricket, *Gryllus domesticus* has also been brought to Britain with merchandise from his native country, which is in the deserts of Northern Africa and South-Western Asia. Its subsequent behaviour on arrival was at first similar to that of other imported species, viz. it kept to the well-heated parts of human dwellings, but lately it began to show some signs of its ability to acclimatize in the open, in an artificial habitat, offered by the ever warm refuse dumps. It is possible that this species may ultimately become a regular member of the open air fauna, at least in some localities with specially suitable microclimatic conditions.

BIBLIOGRAPHY

1. Lucas (W.). — A monograph of the British Orthoptera. London, 1920.
2. Uvarov (B. P.). — Composition and origin of the Palaearctic fauna of Orthoptera. Xe Congrès Intern. Zool., Budapest, pp. 1516-1524.
3. Scharff (R. F.). — European animals. London, 1907.
4. Uvarov (B. P.). — A grasshopper new to Britain. *Ent. Mon. Mag.*, 1922, n° 93, p. 211.
5 Uvarov (B. P.). — On the native country of the common house-cricket (*Gryllus domesticus* L.), with a description of a new variety. *Ent. Mon. Mag.*, 1921, 3rd ser., VII, pp. 155-156.

The Trichoptera of the British Isles.

by

Martin E. MOSELY F. E. S.

The Trichopterous fauna of the British Isles is perhaps better known than that of any continental country. In fact it could hardly be otherwise having regard to the intensive researches of that prince of Trichopterists, the late Robert Mc LACHLAN. So thoroughly was his work carried out and so ably was he assisted by many enthusiastic collectors that since his death little has been added to our knowledge of the British Trichoptera.

A few new species have been described and a few already known on the Continent have been added to the British list but the sum total has only been advanced from the 148 species at which he left it in 1880 to the 181 at which it now stands.

The British Trichoptera may be considered as thoroughly representative of European forms. With the exception of the *Calamoceratidae*, all the families contribute to its fauna. There are limitations, of course, due to considerations of latitude and altitude. We cannot hope to find species which require the warm temperature of Central and Southern Europe nor may we expect the forms which inhabit the high altitudes of Switzerland or Savoy.

But with these exceptions, we may consider Britain for its size, as richly populated as any sub-alpine country in Europe.

A few of our species are restricted to the more northern regions. The alpine *Limnophilus borealis* and *Stenophylax alpestris* seem to be confined to the higher altitudes of Scotland and Northern England, and *Halesus auricollis*, though more generally distributed has only been recorded in mountain regions. It occurs plentifully along the banks of the Derbyshire streams but has not yet been found in the more low-lying regions. On the other hand, *Drusus annulatus*, usually regarded as an alpine species occurs plentifully on the low-lying Berkshire chalk-streams.

Generally speaking, however, though some species may be local, there are no well defined zones in which they are exclusively to be found.

For instance, the Fen Country in the East is richly endowed with *Phryganeidae, Limnophilidae and Leptoceridae* but the same species occur in other low-lying districts of the country. *Erotesis baltica*, a typical Fen insect is to be found in abundance along the banks of the Hampshire Test; *Limnophilus decipiens* also considered to be a Fen species occurs freely on the peat-pools and lakes of the same district.

Britain is poor in *Rhyacophilidae* and contrary to what one would expect having regard to the fact that the family is best represented in Central Europe, of the genus *Rhyacophila*, there is only one common species in the south, *dorsalis*, while the other three British species, *munda*, *obliterata* and *septentrionis* occur further north in Derbyshire, Yorkshire and Scotland.

Wormaldia species, generally considered as alpine are seen, though sparingly, in the plains and it is perhaps more the chemical composition of the water and the nature of the bed in which it lies rather than the altitude and latitude that in this country controls the geographical distribution.

Thus, along the Test valley in Hampshire, the river is heavily impregnated with lime and in the same district there are considerable beds of peat so that species inhabiting both acid and alkaline waters are to be found side by side.

The chalk streams of Hampshire are peculiarly rich in *Trichoptera*. I have myself taken no fewer than eighty two out of the entire total of one hundred and eighty one British species within an area of a few hundred yards and there are a few more species recorded in the New Forest which are not included in this total.

Hydroptilidae are particularly well represented and my Hampshire list includes nineteen of the twenty four British species.

So that we are forced to the conclusion that in Britain latitude plays an insignificant part in the distribution of the *Trichoptera* and we must look to other causes if we would ascertain why one species is found here and another there.

Let us consider the family of the *Phryganeidae*. The genus *Neuronia* is confined to peaty bogs and lakes generally bordered with sphagnum moss, that is to say, waters which are fairly acid. I have taken no species of this genus in Hampshire where possibly the acidity of the shallow peat ponds is to a large extent neutralized by the chalk which pervades the district.

Neuronia ruficrus is probably the commonest species of the genus though it must be understood that the words common and rare as applied to the *Trichoptera* are apt to bear the meaning that common implies the presence of an active Trichopterist in the neighbourhood and rare is to be considered in the obverse sense.

Mc Lachlan gives as the habitat of *ruficrus* « deep ponds filled with water-weeds », and I have taken it in ponds situated high up in the lofty mountains of the Swiss Engadine.

Neuronia clathrata the only other reported British species is described as belonging to the central parts of north England where « it is extremely rare » (McL).

Mr. K. J. MORTON has taken it in a swamp, I believe sphagnum in character, not far from Liverpool.

The genus *Phryganea* is represented by five species *grandis*, *striata*, *varia*, *obsoleta* and *minor*. Of these the first two inhabit slow deep rivers, lakes and ponds. The last three have only been found in lakes and ponds. *P. striata* is found in the rivers of the plains and extends to quite high altitudes amongst the tarns of Scotland and Wales. I have taken it as high up as the lakes round Pontresina in the Engadine.

And here it may be observed that in the lowlands the colour is reddish-brown but in the mountain lakes it is generally of a brownish grey.

Phryganea minor is usually found hiding in the crannies of the bark of trees in the neighbourhood of its breeding place but of the other species, *obsoleta* and *varia* are found freely on the wing during the day whilst *striata* and *grandis* are more nocturnal in their habits emerging at dusk from their hiding places and flying swiftly over the reeds and rushes that line the banks.

P. *obsoleta* is perhaps more northern than any of the other species and I have no record of its presence in the extreme South.

Of the two *Agrypnia* species, *picta* and *pagetana*, *picta* has been taken in the neighbourhood of London and *pagetana* is common in the Fen district and has been taken as far north as Edinburgh.

I have dealt at some length with the family of the *Phryganeidae*. mentioning all the British species and giving some account of their habitat and geographical distribution. But it is obvious that in a paper such as this it is not possible to discuss in such detail all the hundred and eighty one species which comprise the British *Trichoptera* and I will therefore content myself with giving a short account of the remaining families mentioning points of interest that may be connected with any of their species.

The *Limnophilidae* are perhaps the most widely distributed of any of the *Trichoptera*. They are very numerous in the northern hemisphere ranging from arctic Greenland down to the coast of Africa but hardly penetrating southward into the northern tropical regions.

Generally speaking they are found in slow-moving streams, small brooks, ditches, springs, marshes, lakes and ponds mostly irrespective of altitude. Many of them are nocturnal but certain species delight in the bright sunny hours of the day. Two species in particular *Anabolia nervosa* and *Halesus auricollis* emerge in the autumm and dance in a cloud over the fields bordering the rivers which form their habitat. Less abundant but equally a lover of sunlight is *Limnophilus lunatus*, well known to the trout fisherman as the Cinnamon sedge.

The *Limnophilidae* range all over England : *Apatania muliebris* for example, which inhabits springs, is found high up in the mountains of Westmorland and also in the neighbourhood of Arundel scarcely above sea-level. One species as has been mentioned already, *Limnophilus borealis* has been recorded only from Scotland, and *Halesus auricollis* and perhaps *Ecli-*

sopteryx guttulata require some altitude for their development. The family is remarkable as containing a few irregular species, *Apatania muliebris* of which the male has never been discovered ; *Enoicyla pusilla* which is not only entirely terrestial but apterous in the female and a still more remarkable species found in Siberia, *Thamastes dipterus* which as its name implies has a far closer ressemblance to a dipteron than to any other species of the *Trichoptera*. The posterior wings are abreviated to mere scales and the pointed, transparent anterior wings are unlike anything else in this group.

The *Sericostomatidae* found in Britain number comparatively few. They are to be found in flowing waters and rarely take up their quarters in ponds or lakes. One species, *Sericostoma personatum* I have taken sparingly on lakes but it is probable that the habitat is in the current passing through from the discharge into the lake of some river or stream.

Brachycentrus subnubilus, known to trout-fishermen as the Grannom occurs sometimes in vast numbers and is a sunlight loving insect. On the river Kennet, in Berkshire, I have seen it flying over the water in such countless millions that it has not been possible to see clearly across the river, and the water has flowed by covered from bank to bank with the cast pupal skins. Its period of emergence varies in different districts. On the Kennet it is generally to be expected towards the last week in April. In the neighbouring county, Hampshire, it appears on the Test as late as the end of May and sometimes in June, whilst in the Highlands of Scotland it appears rarely before mid June and often later still. The larva lives in fast water in which it anchors its case to some frond of water-weed and, with legs outstretched at the entrance to its case, awaits what food the rapid current may bring within its reach. There is a much larger species of *Brachycentrus* in America *B. nigrisoma* which lives in precisely similar waters and has precisely similar habits.

Another little species of the same family is *Crunoecia irrorata*. It is found only by water-falls or small torrents where the larvae live in the moss kept continually wetted by the spray. It occurs throughout Europe under exactly similar conditions.

The *Sericostomatidae* as a family are noted for abnormalities amongst the species. In many the maxillary palpi are unusually formed or abreviated. In certain species the wings are heavily clothed with scales. In some these scales are of the nature of androconia and are situated on various parts, even the palpi. Some New Zealand species exhibit extraordinary eversible processes and other organs whose use is unknown. But it should be observed that all these irregularities are peculiar to the male sex, the female remaining normal. It is a difficult group whose species bear little relationship to one another excepting perhaps in their eccentricities.

From the *Sericostomatidae* we pass on the to *Odontoceridae*, represented in this country by one species only, *Odontocerum albicorne*. This is very widely distributed and is generally found on rather slow flowing streams though it occurs, but in far smaller numbers on quite fast waters. It is very plentiful all over the continent and has been recorded from as far south as Greece.

The next family under review is the *Leptoceridae.* These are rapid-flying insects for the most part with immensely long antennae. Species of this family inhabit both rivers and lakes. The males can be seen at most streams flying low, backwards and forwards a few inches above the surface of the water.

Certain genera *Setodes*, *Oecetis*, *Triaenodes* etc., are almost entirely confined to lakes and ponds or very slow moving streams but there are exceptions and I have taken *Triaenodes conspersa* in numbers on quite rapid stretches on the river Test.

Their rapid flight is sustained for considerable periods at a time, usually in the late afternoon and as might be expected, their wings are peculiarly adapted to their habits. We find a row of hooklets along the costal margin of the posterior wing fitting into a fold of the anterior wing and the two wings, thus locked no doubt have greatly increased sustaining power.

We come now to the *Molannidae* represented in this country by two lake or slow-moving river species, *Molanna angustata* and *M. palpata* which form a little group by themselves, and, secondly, by a genus of small dark insects, the *Beraeas* which are found chiefly in swampy places bordering rivers and lakes and also in the wet herbage surrounding bubbling springs and waterfalls. In Corsica I found a curious artificial habitat for these little things, created by the perpetual leaking of a crudely constructed timber aqueduct passing down the Tavignano gorge at Corte high up the mountain side above the path. For miles this continual leakage had created swamps by the roadside and these swamps were literally swarming with Beraeas and other species inhabiting similar quarters.

The *Molannidae* are followed by the *Hydropsychidae* whose species are mainly diurnal and delight to dance in crowds in the bright sunlight of the long summer days. They chiefly inhabit rivers and streams and the larvae make no fixed cases until about to pupate. They are generally distributed all over the country.

Next in order are the *Polycentropidae* of which some genera are to be found in all sorts of rivers whilst others are strictly confined to lakes and ponds.

Follows the *Psychomyidae* of which *Psychomyia pusilla* haunts the banks of slow rivers in countless numbers, coming forth from the branches of bordering trees in hundreds at the tap of the collecting net. Another of the genera, *Tinodes* contains species which are confined to waterfalls and mossy trickles.

Next we have the *Philopotamidae* of which *Philopotamus montanus*, with its beautiful varieties, is found only on rocky mountain streams and then the *Rhyacophilidae* whose most important genus *Rhyacophila* is found only on running waters as indeed its name implies. It is a large genus poorly represented in this country but with a vast profusion of species in central and southern Euro pe as well as in America. Another genus, *Agapetus*, though mainly located in running water, is also to be found on lakes.

Finally we come to the *Hydroptilidae*, the Micro-*Trichoptera*. The genera in this group are either lake or stream lovers and one continental genus *Stactóbia* is almost exclusively found where a thin film of water passes in bright sunlight over a slab of rock. Of our British genera, *Hydroptila*, *Ithytrichia* and *Allotrichia* are usually found in running water with some of the *Oxyethira* species, whilst *Agraylea*, *Orthotrichia* and the rest of the *Oxyethira* species are more numerous on lakes and very quiet streams.

To sum up, it will be seen from this brief article that the distribution of British Trichoptera can hardly be divided off into Geographical Zones and for a proper understanding of the Order it is necessary to study the habits of each species. Some are found amid the higher hills whether in the remote highlands of Scotland or on the moors of Devonshire. Some will always be found in swamps, no matter where situated, others in slow running rivers, yet others in fast torrents and the lakes and tarns and even the wayside ditches will yield their quota. Some may be captured flying in the sun-light whilst others must be sought in their places of concealment. Many will be attracted to the lamp at night and one species must even be searched for in the damp moss about the roots of trees at quite a distance from any water.

The order is still imperfectly understood though full of interest and many unsuspected features such as scent-organs with their glands and distributing appendages, etc., will amply repay the patient investigator in what is almost a virgin field.

List of British Trichoptera

PHRYGANEIDÆ

Neuronia, Leach.
ruficrus, Scop.
clathrata, Kol.

Phryganea, Linn.
grandis, Linn.
striata, Linn.
obsoleta (Hagen), M'Lach.
varia, Fab.
minor, Curt.

Agrypnia, Curt.
picta, Kol.
pagetana, Curt.

LIMNOPHILIDÆ

Colpotaulius, Kol.
incisus, Curt.

Grammotaulius, Kol.
nitidus, Müll.
atomarius, Fab.

Glyphotælius, Steph.
pellucidus, Retz.

Limnophilus, Leach.
rhombicus, Linn.
borealis, Zett.
pavidus (Hagen), M'Lach.

subcentralis, Brauer.
flavicornis, Fab.
decipiens, Kol.
marmoratus, Curt.
stigma, Curt.
xanthodes, M'Lach.
borealis, Kol. nec Zett
lunatus, Curt.
elegans, Curt.
politus, M'Lach.
ignavus (Hagen), M'Lach.
nigriceps, Zett.
striola, Kol.
centralis, Curt.
vittatus, Fab.
affinis, Curt.
auricula, Curt.
griseus, Linn.
bipunctatus, Curt.
extricatus, M'Lach.
hirsutus, Pict.
luridus, Curt.
sparsus, Curt.
fuscicornis, Ramb.
fumigatus, Germ. (?).

ANABOLIA, Steph.
nervosa (Leach), Curt

PHACOPTERYX, Kol.
brevipennis, Curt.

ASYNARCHUS, M'Lach.
cœnosus, Curt.

STENOPHYLAX, Kol.
alpestris, Kol.
dubius, Setph.
infumatus, M'Lach.
rotundipennis, Brauer.
stellatus, Curt.
latipennis, Curt.
radiatus, Ramb.
vibex, Curt.
permistus, M'Lach.
concentricus, M'Lach., nec Zett.
hieroglyphicus, Steph.

MESOPHYLAX, M'Lach.
aspersus, Ramb.
impunctatus, M'Lach.
zetlandicus, M'Lach, *var.*

MICROPTERNA, Stein.
sequax, M'Lach.
striata, Pict. nec Linn.
lateralis, Steph

HALESUS, Steph.
radiatus, Curt.
digitatus, Schr.
hieroglyphicus, Curt.
auricollis, Pict.
guttatipennis, M'Lach.

DRUSUS, Steph.
annulatus, Steph.

ECCLIPSOTERYX, Kol.
guttulata, Pict.

CHÆTOPTERYX, Steph.
villosa, Fab.
tuberculosa, Pict.

ENOICYLA, Ramb.
pusilla, Burm.

APATANIA, Kol.
wallengreni, M'Lach.
vestita, Kol.
muliebris, M'Lach.
fimbriata, Pict.

SERICOSTOMATIDÆ

SERICOSTOMA, Latr.
personatum, Spence,
spencii, Kirby.
multiguttatum, Pict., *var.*
analis, Steph., *var.*

NOTIDOBIA, Steph.
ciliaris, Linn.

GOÊRA, Leach.
pilosa, Fab.
flavipes, Curt.

SILO, Curt.
pallipes, Fab.
nigricornis, Pict.
fumipennis, M'Lach.

BRACHYCENTRUS, Curt.
subnubilus, Curt.

CRUNŒCIA, M'Lach.
irrorata, Curt.

LEPIDOSTOMA, Ramb.
Mormonia, Curt.
hirtum, Fab.

LASIOCEPHALA, Costa.
basalis, Kol.

ODONTOCERIDÆ

ODONTOCERUM, Leach.
albicorne, Scop.

LEPTOCERIDÆ

LEPTOCERUS, Leach.
nigronervosus, Retz.
nervosus, Fab.
fulvus, Ramb.
grossus, Steph.
senilis, Burm.
fulvus, M'Lach.
alboguttatus, Hagen.
bimaculatus, Steph.
annulicornis, Steph.
aterrimus, Steph.
cinereus, Curt.
interjectus, McL.
albifrons, Linn.

commutatus (Rostock), M'Lach.
bilineatus, Linn.
bifasciatus, Oliv.
dissimilis, Steph.

MYSTACIDES, Latr.
nigra, Linn.
atra, Pict.
azurea, Linn.
nigra, Pict.
longicornis, Linn.
quadrifasciata, Fab

TRIÆNODES, M'Lach.
conspersa, Ramb.
reuteri, M'Lach.
bicolor, Curt.

EROTESIS, M'Lach.
baltica, M'Lach.

ADICELLA, M'Lach.
filicornis, Pict.
reducta, M'Lach.

ŒCETIS, M'Lach.
ochracea, Curt.
furva, Ramb.
intaminata, M'Lach.
lacustris, Pict.
notata, Ramb.
testacea, Curt.

SETODES, Ramb.
tineiformis, Curt.
interrupta, Fab.
argentipunctella, M. Lach.
punctata, Fab.

MOLANNIDÆ

MOLANNA, Curt.
angustata, Curt.
palpata, M'Lach.

BERÆA, Steph.
pullata, Curt.
maurus, Curt.
articularis, Pict.

BERÆODES, Eaton.
minuta, Linn.

HYDROPSYCHIDÆ

HYDROPSYCHE, Pict.
pellucidula, Curt.
fulvipes, Curt.
instabilis, Curt.
angustipennis, Curt.
ornatula, M'Lach.
guttata, Pict.
contubernalis, M'Lach.
exocellata, Dufour.
ophtalmica, Ramb.
lepida, Pict.
ventralis, Curt.

DIPLECTRONA, Westw.
felix, M'Lach.
flavomaculata, Steph.

POLYCENTROPIDÆ

NEURECLIPSIS, M'Lach.
bimaculata, Linn.

PLECTROCNEMIA, Steph.
conspersa, Curt.
geniculata, M'Lach.
brevis, M'Lach.

POLYCENTROPUS, Curt.
flavomaculatus, Pict.
multiguttatus, Curt.
kingi, M'Lach.

HOLOCENTROPUS, M'Lach.
dubius, Ramb.
parfitti, M'Lach.
stagnalis, Albarda.
picicornis, Steph.

CYRNUS, Steph.
trimaculatus, Curt.
flavidus, M'Lach.

ECNOMUS, M'Lach.
tenellus, Ramb.

PSYCHOMYIDÆ

TINODES, Leach.
wæneri, Linn.
lurida, Curt.
aureola, Zett.
pusilla, Curt.
assimilis, M'Lach.
maculicornis, Pict
unicolor, Pict.
dives, Pict.
schmidtii, Kol.

LYPE, M'Lach.
phæopa, Steph.
reducta, Hagen,
fragilis, Pict.

PSYCHOMYIA, Latr.
pusilla, Fab.
gracilipes, Curt.

PHILOPOTAMIDÆ

PHILOPOTAMUS, Leach.
montanus, Don.
scopulorum, Steph.
scoticus, M'Lach, *var.*
chrysopterus, Morton, *var.*
insularis, M'Lach. *var.*
cesareus, M'Lach, *var.*

WORMALDIA, M'Lach.
occipitalis, Pict.
mediana, M'Lach.
subnigra, M'Lach.

CHIMARRHA, Leach.
marginata, Linn.

RHYACOPHILIDÆ

RHYACOPHILA, Pict.
dorsalis, Curt.
septentrionis, M'Lach.
obliterata, M'Lach.
munda, M'Lach.

GLOSSOSOMA, Curt.
boltoni, Curt.
vernale, Pict.
fimbriatum, Steph.

MYSTROPHORA, Klap.
intermedia, Klap.

AGAPETUS, Curt.
fuscipes, Curt.
comatus, Pict.
delicatulus, M'Lach.

HYDROPTILIDÆ

AGRAYLEA, Curt.
multipunctata, Curt.
pallidula, McL.

ALLOTRICHIA, M'Lach.
pallicornis, Eaton.

HYDROPTILA, Dalm.
Phrixocoma, Eaton.
sparsa, Curt.
cornuta, Mosely.
angulata, Mosely.
simulans, Mosely.
occulta, Eaton.
femoralis, Eaton.
maclachlani, Klap.
pulchricornis, Pict.
forcipata, Eaton.
tigurina, Ris.
sylvestris, Morton.

ITHYTRICHIA, Eaton.
lamellaris, Eaton

ORTHOTRICHIA, Eaton.
angustella, M'Lach.
tetensii, Kolbe.
tragetti, Mosely.

OXYETHIRA, Eaton.
costalis, Curt.
tristella, Klap.
simplex, Ris.
falcata, Morton.
frici, Klap.
mirabilis, Morton.
sagittifera, Ris.

The origin of the British Heteropterous fauna

By

W. E. CHINA, B. A., Dip. Agric. (Cantab.).

In considering the Heteropterous fauna of the British Isles, it must be borne in mind that climatic and soil conditions in the British Isles are remarkably diverse ; indeed it has been often stated that this country is, geologically speaking, an epitome of the rest of the continent of Europe. We should therefore expect to find the British Heteroptera equally varied and by no means insular in the strict sense of the word. Actually there is no doubt that at the end of the last glacial period a very extensive Hemipterous fauna peopled these islands. Since that time however, a continuous process of elimination has gone on, brought about by various causes not the least of which was isolation from the continental influence. It must be remembered too, that in historical times the wholesale clearing of forests, draining of fens, cultivation and grazing of the land followed later by the extensive industrialisation of the countryside, has greatly depleted the insect fauna. In addition it has caused the isolation of certain species once of much wider distribution. On the other hand, within recent times numerous species have been introduced from the mainland through the importation of their foodplants, while afforestation, agricultural, and horticultural activities have greatly extended the range of other species. Another point, which must be considered, is that the distribution of the Hemiptera is still very little known. This is especially the case in Ireland and, to a less extent, in Scotland. Even in England there are very few records for some counties. All this tends to make more difficult the problem of elucidating, from a study of the distribution of the existing species, the origin of the various faunal elements of which FORBES (1846) long ago showed the British Fauna to consist.

Of the 3,500 or so Palaearctic species listed in OSHANIN's Catalogue, only 474 are known to occur in the British Isles although, as pointed out by BUTLER, these include practically the whole of the common and generally distributed European species. Three distinct species are apparently endemic as they have not so far been recorded elsewhere and several species are represented only by distinct varieties. In the case of species which are common on the continent but restricted to definite areas in Britain it is often difficult to decide whether the limiting factor is merely a recent ecological or climatic one, or whether the restriction is entirely due to Palaeogeographical causes.

It would be out of place to describe here the various theories put forward to explain the origin of the existing British fauna. These are well known and are excellently set out in SCHARFF's European Animals (London 1907). It is only necessary to determine to what extent the distribution of the British Heteroptera supports, modifies, or refutes SCHARFF's conclusions. For this purpose the various elements will be take in chronological order of origin and discussed in turn.

Lusitanian Element.

This is considered by FORBES and SCHARFF to be the oldest and would seem to have arrived in early Cretaceous (Neocomian) times when the majority of Britain was connected with Spain and Portugal through western France. UVAROV (1) believes that this fauna was a modification of that which originated in ancient Atlantis and it is possible that the Lusitanian element dates from Mesojurassic times and is derived from the fauna which inhabited the shores of the ancient. Mediterranean Sea which probably extended westward at that time across Mexico to the Pacific Ocean, (ARLDT, 1919 map. 52, p. 380). This conception is not supported by WEGENER's displacement theory (WEGENER 1924), which rather suggests that this fauna originated in N. W. Africa, while this region was in contact with Central and S. America, and later made its way northwards along the former Western European coast line, through Spain and Portugal into Brittany and the British Isles. Ecologically, the Lusitanian fauna is essentially Xerothermic and its northward trend was probably brought about by the fact that during early cretaceous times the northern arid zone was gradually moving to cover central Europe. It is difficult to estimate how far north this fauna extended before being driven south by the wet climate of the late Tertiary period, but it is probable that its limit was furthest north during the Eocene age when central Europe was in the zone of tropical rains. With regard to the subsequent history of this fauna in the British Isles, much depends on the ecological conditions prevalent and on the very vexed question of the effect of the Quaternary glacial period on the existing fauna. From the distribution of certain Hemiptera there is some reason to agree with SCHARFF that the glacial climate was much less severe than has been supposed. In the Pentatomid genus *Thyreocoris*

1. For this and much other information I am indebted to my friend and colleague Mr. B. P. UVAROV without whose kindly criticism and advice this paper would not have been written.

Schrank (= *Corimelaena* White), 64 species are known, distributed as follows :

Canada 3 Europe 3.
U. S. A. 19.
C. America 14.
S. America 34.

The European species do not occur in America and consist of one widely distributed species (*T. scarabaeoides* L.) and two localised species, one in Spain and Corsica (*T. fulvinervis* Scott), the other in the Balkans (*T. balcanicus* Schum). *T. scarabaeoides* L., is obviously a modification of a « Lusitanian » species which apparently spread northward over Europe during early Cretaceous times, since when it has given rise to two further species in southern Europe where climatic conditions have remained most suitable. *T. scarabaeoides* is now found as far north as Finland, and it is probable that this was the northern limit reached by the Lusitanian fauna. It might be argued that this species has spread northward since the glacial period, but if we consider the ecological factors which limit its distribution in any given area, it becomes far less likely that suitable conditions for the spread of this species have existed since the glacial period. In Britain it is confined to the Southern half of England and is always found locally in warm, dry, sandy or stoney places. Some of the continental records are not compatible with the conclusion that this species is xerothermic in habit, but these are probably inaccurate or misleading. Further research on the ecology of the species will throw more light on the problem. The distribution of this species, then, confirms the suggestion of SCHARFF that the glacial climate, at least in certain areas, did not exterminate the existing fauna. Indeed it is possible for desert conditions to exist on the moraines in close proximity to glaciers and such conditions actually exist at the present time in the Altai Mts of Central Asia. In Britain the restriction of *T. scarabeoides* to the South suggests that either the early Pleistocene climate was too severe for its survival in the north or else the necessary ecological conditions have not remained favourable.

The Capsid *Lopus sulcatus*, Fieb. is found only in the south west of England, Hampshire. Somerset, Devon and Cornwall, where it occurs in warm dry localities. On the continent it is recorded only from southern France, the Spanish Peninsula and Sardinia. This is evidently another relict of the Lusitanian element. The distribution of the other species suggests that since the separation of the Old and New worlds, this genus has undergone greater development in S. Europe than in America, for while 12 species are known in the Palaearctic Region, only 1 is known from America. This is more interesting when we consider that of the Capsid tribe, Restheniaria (1) to which the genus *Lopus* belongs, only one genus is Palaearctic, while the remaining 13 are Neotropical.

1. Reuter's classification of the Restheniaria has been adopted.

One of the most curious facts in connection with this particular study of the British Heteropterous fauna, is the inexplicable way in which certain species exhibit in Britain a behaviour quite different from that exhibited on the continent. Many of the species of *Lopus*, as might be expected in a genus of Lusitanian origin, are xerothermic. Of the 12 Palaearctic species, 8 are confined to the warm, dry Mediterranean region (including N. Africa). Of these 8 we have two in Britain, *L. sulcatus* Fieb. and *L. flavomarginatus* Don. Judging by the plants upon which it has been recorded in the south west of England, the first of these is always found in dry places. *L. flavomarginatus* on the other hand, which in Europe is restricted to France, Italy, Spain, Portugal and Corsica, is, according to Butler, frequently found in England in damp grassy and flowery places in forest land. Its distribution is consequently wider in Britain than that of *L. sulcatus* and it extends as far north as Staffordshire, and as far east as Suffolk. It is also recorded from Ireland (1). It is possible therefore that the British specimens of *L. flavomarginatus* actually represent a distinct physiological subspecies. Another example of a similar nature but perhaps even more remarkable, is the case of the Coreid *Gonocerus acuteangulatus* (Goeze). This species is found in Germany, France, Spain, Italy, Hungary, Serbia, Bulgaria, Greece, Asia Minor and the southern half of Russia, including Caucasus and has given rise to two subspecies, *acutangulus*, Put. and *simulator* Reut., in the Mediterranean region. On the continent it lives on various trees and bushes including *Quercus*, *Rhamnus frangula*, *Berberis*, *Rosa* and *Juniperus*. In Britain so far as is known, it occurs in a single locality only, on the chalky southern slopes of Box Hill, Surrey, on box trees (*Buxus*). Although the larvae have been observed sucking the berries of yew (*Taxus*) which also grows abundantly in this locality, they have been reared by Butler on box shoots. It is difficult to explain the extreme isolation of this species in a county of extremely diverse ecological conditions, the insect fauna of which is perhaps better known than any other part of the British Isles. The important factor appears to be the abundance of box trees, since all the other conditions are fulfilled in other parts of the North Downs. There is however some evidence in support of the supposition that Box Hill forms a faunistic island, but this cannot be discussed in the present paper.

Although in Britain there are very few species of Heteroptera derived from the ancient Lusitanian fauna which still show relationships with Neotropical species, there are quite a number which clearly belong to the Western Mediterranean fauna which itself is a modification of the Lusitanian-Atlantis fauna. These species have become adapted to more diverse conditions and are consequently more widely distributed on the continent than the typical Lusitanian forms. It is probable that many of these found

1. Unfortunately for a proper discussion of the Lusitanian element, the southern Irish Heteroptera are very little known.

their way to Britain in post glacial times, since they have not extended to the south west of the country. Examples of this type are *Amblytylus delicatus* (Perr.) and *Megacoelum beckeri* Fieb., found only in Surrey, *Homodemus m-flavum* (Goeze), and *Eurygaster nigrocucullata* (Goeze), recorded from Kent, and *Dichrooscytus valesianus* (Fieb.) known only from Sussex. These species are either southern forms or are distributed over Central and Southern Europe; none of them occur in the north. Those species such as *Trapezonotus ullrichi* Fieb. and *Lasiacantha capucina* Germ., which are confined in Britain to Cornwall, appear to have arrived in S. E. England during the middle Pleistocene and were driven S. W. by the second glacial period. Before leaving the discussion of the Lusitanian element, mention must be made of two species. *Aepophilus bonnairei* Sign. is a littoral species found amongst rocks uncovered at low tide along rocky coasts of western Europe from Portugal to Brittany, and along the south coast of Ireland and Cornwall. The distribution of this species, although largely limited by ecological factors connected with respiration, supplies some evidence of the former existence of a continuous shore line between Brittany and the west coast of Ireland. *Notonecta marmorea* F. (*N. viridis* Delc. *mediterranea* Hutch) (1) is widely distributed in fresh water throughout the Mediterranean region, and extends through Palestine and Crimia, to Persia and Transcaspia. Along the coasts of N. Western France, Southern England and Holland, in brackish water, there is a very distinct subspecies *N. marmorea viridis* Delc. (= *halophila*, Edw.). The typical *N. marmorea* does not occur in Britain and it is difficult to explain the limited distribution of the subspecies *viridis*. It is possible that having changed its habitat to brackish water, it was able for some physiological reason to survive the glacial period better than the typical form.

American Element.

Scharff regards this as being almost equal in age to the Lusitanian element and believes that towards the close of the northward trend of the latter fauna, the American element commenced to flow into Britain from the north west. This would apparently be in the Eocene period. According to Wegener there is reason to suppose that land connection between Newfoundland and Ireland remained in existence up to the beginning of the Quaternary, but there is a tendency on the part of Palaeogeographers to believe that biological relationships of two regions necessitates a quite recent connection between them. It is not only possible, however, but in some cases highly probable, that a species may remain unchanged through several geological periods, providing ecological conditions remain

1. See Esaki, *Ann. Mag. Nat. Hist.* (10), II, pp. 65-76, 1928.

tolerable. With regard to the Heteroptera, the species occurring both in Britain and America may be divided into two groups. Firstly there is the Holarctic group, which includes most of the species concerned. These species are widely distributed throughout the Palaearctic and Nearctic regions, and probably originated in Angara (Mongolia) whence they have spread in post glacial times eastward into N. America and westward through Siberia and Europe to Britain. This section, therefore comes properly under the heading Germanic element, which will be discussed later. Secondly there are a few species which occur in both Europe and N. America, but not in N. Asia.

Horvath (1908) has expressed the view that the distribution of such species is due not to zoogeographical causes but to the fact that they have not yet been discovered in Siberia. He says, « il n'y a nul doute que lorsque la Sibérie sera mieux explorée, on les y découvrira également ». This is no doubt true for those species of general European distribution but there are two or three American species whose Palaearctic range is confined to western Europe. For example *Psallus alnicola* D. and S., which has been recorded by Knight (1921) from New-York and Minnesota, occurs in both Ireland and Scotland and is widely distributed over England, while on the continent it occurs in Finland, Sweden and doubtfully in Austria ; *Arctocorisa germari* (Fieb.) which is recorded from Alaska also occurs in both Ireland and Scotland and in north western England, while in Europe it is reported only from Germany and Sweden. Such species obviously have not migrated from the east since they would at least have been discovered in Russia and Poland the Heteropterous fauna of which is well known. It is quite possible that they form part of the American element described by Scharff but the difficulty experienced in distinguishing such a fauna from the Arctic element which itself appears to have been originally derived from Northern Canada, suggests that Scharff's « American element » may be merely the remnants of the vanguard of a migration from the north of which the so called « Arctic element » formed the main body.

Arctic or Northern element.

According to Scharff this fauna, which is derived from Scandinavia, entered the north of Scotland and spread southwards into Ireland and England in preglacial times probably during the Oligocene and Pliocene periods. At this time Ireland, although separated by sea from England and the continent, was still united to Scotland and probably formed a large peninsula. This fauna seems to have originated in an ancient land mass (North Atlantis) situated in the neighbourhood of Greenland and N. Eastern Canada, and spread south and eastwards into Europe as far as the Ural Mountains, and westwards into Alaska and Eastern Siberia as far as the Yenisei Valley. This possibly explains the discontinuity of certain Holarctic species (KUSNEZOV, 1925) although another explanation may be the existence, in Oligocene times, of a west Siberian Sea which extended southwards to the Aral Sea with which it was united. It would be, however, out of place here to enter into a discussion as to the relative probabilities of the various theories proposed to explain the origin of the Arctic fauna. It is sufficient merely to stress the fact of the relationship between SCHARFF's American and Arctic elements of the British fauna as expressed in the last section. The Arctic element may be divided into two groups :

a) **Northern group**. — This group is chiefly represented in Scotland and is made up of species which outside Britain are restricted to Northern Europe and Siberia. These species are obviously of dual origin ; one group having been derived from the ancient « North Atlantis » fauna, the other consisting of species originating in Angara but adapted to northern conditions. It is however by no means easy to distinguish these groups.

The first type is represented in Britain by several species. *Callicorixa sodalis* D. and S., is recorded from Northern England (Northumberland), elsewhere it occurs in Norway, Lappland, Northern and Middle Russia. *Teratocoris viridis*, D. and S., is widely distributed in Scotland and also recorded from Ireland. Elsewhere it occurs in Lappland, Finland, North Russia and Siberia. The genus *Teratocoris* is almost entirely a northern one. Of the five known species only one (*T. antennatus* Fieb.) ranges further south than Germany and Holland, and this extends only into France in the west and Turkestan in the east. Two species occur also in N. America.

The second type is more abundantly represented in Britain. *Dicyphus constrictus* Boh., is widely distributed in Great Britain but elsewhere is recorded only from Norway, Sweden, Finland and Croatia. *Salda morio* Zett, is recorded from Northern England, Ireland and probably Scotland. Elsewhere it occurs in Iceland, Sweden, N. Germany, Belgium, Lappland, Finland, Livland and Siberia. *Chlamydatus wilkinsoni* D. and S., is widely distributed in Scotland, Northern and Western England and Wales, while elsewhere it occurs in Scandinavia, arctic Russia and arctic Siberia. The genus *Chlamydatus* although on the whole northern in distribution has obviously originated in the Angara centre. Seven species are known from the Palaearctic region and seven from the Nearctic region besides which one species (*C. pulicarius* Fall.) is common to both. Of the Palaearctic species two are widely distributed over the whole region, two are restricted to Northern Europe and Siberia, one to Western and Central Europe, one to Southern France and one to Nothern Mongolia. *C. pulicarius* ranges over the whole Palaearctic region and at the same time is the commonest species of Capsidae in Greenland. Of the seven American species two are of general distribution ranging southwards as far as Texas and California, while five are from the Western States.

These Northern Angaran species belong, strictly speaking, to the next section (Germanic element) and probably reached Britain in post glacial times from the east.

b) **Alpine group**. — This group consists of species having a northern distribution both in Britain and on the continent but also occuring much further south under Alpine conditions in Central Europe, the Pyrenees Caucasus and, in some cases, the mountains of Greece. The usual explanation of this distribution first propounded by HEER, is that during the Glacial period the northern fauna spread southwards to the Mediterranean Sea but withdrew in the face of warmer and drier conditions which spread northwards in later Pleistocene times. Many species thus became isolated on the mountain ranges where conditions were sufficiently temperate and moist for their survival. Actually these Alpine species are of two distinct origins, firstly those belonging to the ancient northern fauna and secondly relicts of the preglacial Alpine fauna. However this may be the British Heteropterous fauna contains numerous examples of the Alpine type. *Orthotylus fuscescens* Kbm., occurs in Scotland, Sweden, Finland, and the mountains of Central Europe and Greece. *Orthotylus virens* Fall., occurs in North Western England (Cumberland and Westmoreland) and in Norway, Sweden, Finland, Livland, N. Russia, Siberia and the moutains of Central Europe. *Elatophilus nigricornis* Zett., occurs in Scotland, Lappland, Finland, the mountains of Central Europe and Corsica ! The occurence of this species in Corsica may possibly give some indication of the southern limits reached by the northern fauna during the glacial period. *Arctocorisa carinata* C. Sahlb. is widely distributed over England, Ireland and particularly Scotland. It also occurs in Iceland, Lappland, Sweden, North Russia, the Alps, Pyrenees and Caucasus Mountains. *Glaenocorisa cavifrons* Thoms. is widely distributed in the mountains of Scotland while elsewhere it occurs in Sweden, Lappland, Arctic Russia and the mountains of Central Europe and Greece. A much paler and slightly different form of this species (BUTLER 1923) has recently been found in the lowlands of the South and East of England (HUTCHINSON 1923). A reasonable explanation of this distribution is that the dark Scottish forms are direct descendants of the northern invaders whereas the pale lowland forms are derived from a secondary post glacial invasion from the east of the same species on its withdrawal from Central and Southern Europe in the face of warmer and meor particularly drier conditions from the south. It is worth while here to emphasise the fact that temperature alone is not the decisive ecological factor in the life of a species. Humidity plays an extremely important part both directly (physiologically) and indirectly through change of environment. The effect of the glacial period on our fauna depended therefore as much on the change in humidity as in the change in temperature.

In just the same way as it is difficult to separate the N. Atlantis and Angara types of the arctic fauna so it is equally difficult to separate the N. Atlantis and preglacial relict (Angaran ?) types of the Alpine fauna. HEER suggested that at the close of the glacial period some of these relict

Alpine forms retreated northwards with the main body of the true arctic fauna so that it is possible that these four types are in reality only two, with varying history.

Germanic element.

The greater part of the fauna of Great Britain is composed of this element which is generally supposed to have migrated from the east in middle Pleistocene times when immense areas in the North Sea region were raised above sea level. It is apparently not quite clear exactly when this fauna began to arrive in England and Eastern Scotland. Towards the end of the southward drift of the northern fauna, glacial conditions settled over the whole of the British Isles except the extreme south. The severity of these climatic conditions and their effect on the existing fauna is a very debatable point. Scharff considers that the whole of the present Irish fauna and flora is preglacial so that if he is correct in this assumption quite a high percentage of species must have survived, and before the advent of the great influx of species from the east, Ireland must have become separated from Britain. Amongst the Irish Heteroptera, however, there are a number of species which obviously belong to the Angaran fauna. It should here be stated that the Germanic element undoubtedly originated in the plains of ancient Angara (Mongolia) and owing to suitable conditions existing over an enormous area multiplied rapidly and spread westwards across the plains of Central Europe into Eastern Britain. It seems probable that at least the vanguard of this westward drift arrived in Great Britain before the onset of the glacial period when geographical conditions of the Pliocene period were suitable for the passage across the North Sea area. This then would explain the presence in Ireland of Angaran species such as *Globiceps flavomaculatus* (F.) and *Acanthosoma haemorrhoidale* (L.). *G. flavomaculatus* is widely distributed in England and Wales and is recorded from Ireland but not Scotland. Its continental distribution covers Sweden, Finland, Denmark, France, Holland, Germany, Austria, Hungary, Serbia, Moldavia, Russia, Caucasus and Siberia. *A. haemorrhidale* (L.) is also widely distributed in England and Wales as far north as Yorkshire and is recorded from Ireland but not Scotland. Elsewhere it occurs in Sweden, France, Germany, Switzerland, Hungary, Serbia, Bulgaria, Middle, Russia, Caucasus, N. Persia and Siberia. The absence of these species from Scotland and their presence in Ireland suggest that they originally entered Ireland from Scotland in preglacial (Pliocene) times but that the severity of conditions during the glacial period prevented their persistence in Scotland.

The Germanic element obviously consists of two main sections, the true Angaran or Steppe fauna already described and the Southern European fauna. This latter element is probably of composite origin and is made up of progressive species of the modified Lusitanian or Atlantic fauna together with species derived from an Ethiopian source. The distribution in Britain of many of these southern forms is restricted to the extreme south east, and in this connection *Megacoelum beckeri* (Fieb.), *Homodemus-m-flavum* (Goeze) and *Dichrooscytus valesianus* (Fieb.) have already been mentioned as post glacial immigrants from the south, in the first part of this paper. In addition the following species may be mentioned *Bathysolen nubilus* Fall. which is recorded from Norfolk and Kent, *Ceraleptus lividus* Stein, from Essex, Kent, Surrey and Sussex, and *Xylocoridea brevipennis* Reuter, from Suffolk, Surrey and Dorset. All these species are of southern European distribution, and have either just succeeded in reaching the shores of Britain before it became finally separated from the continent in Neo-pleistocene times, or have survived only in the original centre of distribution. There are similar examples amongst the true Angaran element. *Acalypta platychila* (Fieb.) is recorded only from Suffolk and *Pamera lurida*, Hahn. only from Surrey and Hampshire.

The Ethiopian influence in the Southern type of the Germanic element is possibly indicated by such species as *Peritrechus gracilicornis* Puton. This species which is recorded in Britain only from Sussex and the Isle of Wight occurs in France, Spain, Italy, Austria (Tyrol), Hungary, Serbia, Moldavia, Greece, Middle Russia, Transcaucasia, Turkestan, Morocco, Algeria, Tunisia and Egypt.

Insular variation

These then are the main sources from which the British Heteropterous fauna appears to have been derived. The bulk of the British species are of course of general distribution in Europe and it is not always possible without a study of the whole genus and perhaps its allies, to decide on the actual origin of any given species. Records of distribution are often misleading owing to the absence of ecological data. On the whole, however, it may be said that the greater part of the British Heteropterous fauna has been derived from the post glacial European fauna. The fact that so little change, in the way of variation from type, has been brought about by isolation during the great length of time which has passed since the final separation of Great Britain and Ireland from the continent, gives some indication of the « life » of a species providing ecological conditions remain suitable. In this connection it will be interesting to investigate the few cases in which such a change has been produced. *Calocoris sexguttatus* F. is represented in Britain only by variety *insularis* Reuter which is unknown elsewhere. This variety which, actually, is obviously a sub-species, is widely distributed in Great Britain and Ireland but is more abundant in the north than the south. The typical form which does not occur in the British Isles is widely distributed over northern and middle Europe and extends as far as the Caucasus but does not occur in Spain or the Mediterranean region. Judging from its range, this species appears to belong to the Arctic fauna which we have seen arrived in Britain probably in Oligocene times. On the other hand the majority of species of the genus *Calocoris* are of southern distribution. Of the 46 other Palearctic species, 32 are confined to Southern Europe, N. Africa, Syria, Asia Minor and Turkestan, 8 occur only in Siberia, North Eastern Asia and Japan, while six are of general European distribution. Two of these last occur in N. America together with one other species. Three additional species have also been described from the Ethiopian region. The evidence therefore is all in favour of the genus being of « Lusitanian » (Atlantic) origin, and it must have spread north eastwards over Europe perhaps as far back as Cretaceous times. We are thus left with two alternatives, *C. sexguttatus insularis* may represent the original type which has survived in Britain the vicissitudes of the Caenozoic epoch, or it may represent the remnant of a subspecies which was once more widely distributed in Northern Europe. The range of *C. sexguttatus* itself is northern and probably *insularis* originated from this species under the abnormal conditions existing at the northern limit of the drift of the Lusitanian fauna. During the glacial period when this fauna was driven southwards, *insularis* must have entered Britain from the north. Here it has survived whilst on the continent it has long since become extinct possibly through absorbtion with the typical form, under the influence of the warmer and drier climate of post glacial period.

Camptozygum pinastri Fall. is represented in Britain only by the pale ochreous variety *maculicollis* M. and R. This variety occurs occasionally with the typical form in France and Switzerland and Reuter found it in Finland, but in the British Isles it is widely distributed on pines. The typical form occurs in Sweden, Germany, Holland, Belgium, France, Switzerland, Austria, Hungary, North and Middle Russia, Spain, and Algeria. Reuter explained the absence of the typical form from Britain by suggesting that there existed in Britain some enemy of *C. pinastri*, which was absent from the continent, so that in Britain only those specimens favoured by the protective resemblance given by theirpale colour to the scales of the young pine shoots, had survived. This sounds a very feasible explanation but has no foundation in fact. It seems much more likely that the insular climate of Britain is responsible.

Stenodema laevigatum L. which is widely distributed over the western Palaearctic Region including Great Britain and Ireland and also occurs in N. America has four distinct varieties. Of these, three (*virescens* Fall. *pallescens* Fall. and *grisescens* Fall.) occur throughout the range of the typical form. In South Eastern England another variety *melas* Reuter occurs rather rarely. This black form is apparently unknown on the continent, but since only three or four specimens have ever been taken in England it is probable that this is merely a pathological aberration.

On the whole, the range of variation in most species is much greater on the continent than it is in Britain and considering that other conditions are similar, this can best be explained either by the smaller range of temperature experienced in the British Isles or by the much higher average Summer temperatures on the continent. The decrease in activity (producing a slower rate of metabolism) of most Heteroptera at the moderately low temperatures usually experienced in Britain, is very obvious. The British collector rarely sees his quarry flying and when visiting the continent or even the Channel Islands, is surprised to see many species take to flight at the slightest disturbance.

Endemic species

Before concluding some mention should be made of the endemic British species, and their probable origin. Six species have so far been recorded from the British Isles only, and these will be discussed in turn.

Myrmedobia inconspicua D. and S. occurs at the roots of grass on sandhills in Suffolk, Sussex, Hampshire, Dorset and Devon. It has also been captured on sandhills in Jersey (Channel Islands). There are eight other Palaearctic species seven of which are of Southern European or Mediterranean distribution. One species (*M. tenella* Zett.) is distinctly northern in range but in Russia extends southwards as far as Astrakhan. On the whole then the genus is probably southern in origin. In Britain there are three species besides *M. inconspicua*. Two of these (*M. tenella* and *M. distinguenda* Reut.) are associated with coniferous trees the winged males, only, being found in grassy places, the third (*M. coleoptrata* Fall.) is associated with ants. The coastal distribution of *M. inconspicua* is very similar to that of *Aëpophilus bonnairei* and *Notonecta halophila* Edw. mentioned in the section on the Lusitanian element, and this species is probably a representative of the ancient xerothermic Lusitanian fauna which has survived only in England and has spread along the south coast of England to the east coast. Judging by its structure it is very unlikely that *M. inconspicua* can have been evolved from any of the other species of this genus inhabiting Britain although with the exception of *M. tenella* these are also of southern distribution.

Conostethus brevis occurs only in salt marshes at Forres in Scotland. The genus *Conostethus* contains three other species ; *C. salinus* J. Sahlb. in North and Middle Europe and Transcaspia, *C. roseus* Fall., in Middle and South Europe, the Mediterranean region and Canary Islands and *C. venustus* Fieb. in the Mediterranean region and Canary Islands. The first two of these occur also in Britain. This genus is therefore probably of Lusitanian origin since *C. salinus* may be regarded as a remnant of those Lusitanian species which drifted northwards in Cretaceous times and survived in the northern salt marshes. Judging by its structure and habitat *C. brevis* has evidently evolved from *C. salinus* and this explains its northern isolation. *C. salinus* probably entered Britain from the north in

Oligocene times with the so called Arctic fauna and has since given rise to *C. brevis* near the original centre of distribution.

Callicorixa caledonica, Kirk occurs only in Scotland whence it extends into the Shetland Islands. The genus *Callicorixa* (1) is of Holarctic distribution and either originated in North Atlantis or can be classed with the genus *Chlamydatus* amongst those northern types which are of Angaran origin. The occurrence of a distinct species in Scotland rather suggests that the former supposition is more correct since, as we have seen, British endemic species are much more likely to have evolved from the more ancient faunistic elements. *C. caledonica* is closely allied to *C. praeusta* Fieb. which judging by its more extensive range would appear to be the older species. *C. praeusta* must have entered Britain from the north with the Arctic fauna during the Oligocene period, since when, *C. caledonica* has arisen at the original central of distribution.

Arctocorisa saundersi Kirk is only known from the original specimens, discovered at Chobham in Surrey, on which the species was based. These specimens were probably chance aberrations of *A. nigrolineata* Fieb. and unless further specimens are captured *A. saundersi* cannot be regarded as a distinct species. The same may also be said of *Globiceps ater* D. and S. and *Callicorixa boldi* D. and S. both of which are known only from single specimens, taken in Northumberland and Leicestershire respectively.

BIBLIOGRAPHY

ARLDT (T.). — Handb. d. Palaeogeographie. Leipzig : I, 1919.

BUTLER (E. A.). — A Biology of the British Hemiptera-Heteroptera. London, 1923.

FORBES (E.). — On the connection between the distribution of the existing fauna and flora of the British Isles with the geological changes which have affected their area. *Geol. Memoirs*. Vol. I, 1846.

HORVATH (G.). — Les relations entre les Faunes Hémipterologiques de l'Europe et de l'Amérique du Nord, *Ann. Mus. Nat. Hungarici*. Vol. VI, pp. 1-14, 1908.

HUTCHINSON (G. E.). — Contributions towards a list of the insect fauna of the South Ebudes. IV, Hemipt., *Scottish Naturalist*, nov.-déc. 1923, pp. 188-189.

HUTCHINSON (G. E.). — Nat. Hist. of Wicken Fen, pt. III. Cambridge, 1926. *Hemipt. Heteropt.*, pt I, *Hydrobiotica and Sandaliorrhyncha*, pp. 237-239.

JACZEWSKI (T.). — Bemerkungen über die geographische Verbreitung des Corixiden, *Ann. Mus. Zool. Polon.*, VII, pt. 1. pp. 45-67, 2 pls., 1928.

JUKES BROWNE (J. W.). — The building of the British Isles. London, 1892.

1. For our purpose we can disregard the recent synonymy of *Callicorixa* with *Arctocorisa* (*Sigara*) since in any case we are considering a definite group of allied species of the cosmopolitan genus *Arctocorisa*.

Knight (H. H.). — Nearctic records for species of Miridae known heretofore only from the Palaearctic Region. *Canad. Ent.*, LIII, pp. 280-288, 1921.

Kusnezov (N. J.). — Some new Eastern and American élements in the fauna of Lepidoptera of Polar Europe. *Comptes Rendus de l'Académie des Sciences de l'U. S. S. R.*, 1925, pp. 119-122.

Oshanin (B.). — Verzeichnis d. Palaearktischen Hemipteren, St-Petersburg 1906.

Poisson (R.). — Notes sur deux Corixidae (Hem. Heteropt.) *Arctocorisa carinata* (C. Sahlb.), et *Neocorixa vermiculata* (Put). Leur répartition Géographique, *Bull. Soc. Zool. France*, LII, pp. 465-467, 1927.

Poisson (R). — Quelques remarques sur la distribution géographique de certains Hémiptères aquatiques. *C. R. Assoc. Franc. p. Avanc. des Sciences*, Liége, 1924, pp. 982-986.

Reuter (O.M.). — Remarks on some British Hemiptera-Heteroptera. *Ent. Mo. Mag.*, XVI, p. 12, 1879.

Scharff (R. F.). — European Animals. London, 1907.

Wegener (A. L.). — The Origin of Continents and Oceans. London, 1924.

La faune des Lépidoptères des îles britanniques

par

L. DUPONT

Si l'on veut donner en deux mots une idée du caractère de la faune des Iles Britanniques pour les Lépidoptères, on peut dire que cette faune est pauvre par rapport à celle des contrées voisines et de climat analogue et qu'elle a fort peu de productions spéciales. C'est là la grande différence avec d'autres faunes insulaires, la faune corsico-sarde par exemple, où la pauvreté de l'ensemble est compensée par la possession de beaucoup d'espèces spéciales ou de races très caractérisées.

Pour examiner la première question, celle de la pauvreté des Iles Britanniques, je prendrai d'abord comme exemple le groupe des Rhopalocères ou Diurnes, qui se prête bien aux études de ce genre puisqu'il se compose des papillons les plus faciles à observer, les plus chassés par les amateurs, ceux dont les localités sont connues avec le plus de précision. Ce groupe comprend dans les Iles Britanniques 66 espèces, y compris une espèce éteinte dans la période contemporaine, *Chrysophanus dispar* Hw., mais sans compter la grande espèce américaine, *Danais archippus* F (*erippus* Cr), qui fait à l'époque actuelle de fréquentes apparitions en Angleterre, mais qui n'est pourtant jusqu'ici qu'un « casual visitor ».

En Ecosse, le nombre des Rhopalocères se réduit beaucoup, car 28 des espèces Diurnes de l'Angleterre proprement dite manquent ou n'ont été capturées que d'une façon exceptionnelle et accidentelle au Nord de la Tweed : le vulgaire *Gonepteryx rhamni* L. est du nombre.

En Irlande 25 espèces de la faune anglaise des Diurnes font défaut dont 19 manquent aussi en Ecosse. Ni l'un ni l'autre de ces deux pays ne possède d'espèce manquant à l'Angleterre.

Pour montrer que le nombre de 66 espèces diurnes, donné plus haut pour l'ensemble de la faune britannique, n'est pas en rapport avec l'étendue du pays, la variété de son relief et de ses formations géologiques, il suffira de dire que la Belgique compte 99 espèces, la Norvège (d'après le Catalogue Schoyen) 92 et que le seul département de la Seine-Inférieure en possède environ 80.

Sans doute, quelques-unes des espèces qu'on trouve aux environs de Rouen et qui manquent à l'Angleterre, sont là à peu près à la limite de leur aire normale, comme *Papilio Podalirius* L., et feraient probablement défaut dans le Royaume-Uni, même si la jonction à travers la Manche n'avait pas été rompue. Mais l'absence de beaucoup d'autres ne peut s'expliquer par les légères différences de climat. N'est-il pas étrange que l'Angleterre possède *Apatura Iris* Schiff et non l'espèce congénère qui lui est presque partout associée, *A. Ilia* Sch. ? qu'elle ait *Lycaena aegon* Schiff et non *L. Argus* Esp. ? qu'elle manque d'espèces aussi communes dans le Bassin de la Seine ou en Belgique que *Pararge Maera* L., *Coenonympha Arcania* L., *Thecla ilicis* Esp., etc., etc. ?

On a l'impression que la faune a dû être dans une période antérieure beaucoup plus riche, qu'elle a été en s'appauvrissant et qu'elle ne se compose plus que des survivants d'une armée jadis bien plus forte (1). Ce qui confirme cette vue, c'est que beaucoup d'espèces sont étroitement localisées sur tel ou tel point des Iles Britanniques, quoiqu'elles ne soient nullement inféodées à des plantes rares ou à des conditions spéciales d'habitat. Ainsi le *Papilio Machaon* L. n'existe plus guère en Angleterre que dans les *Fens* des comtés de Norfolk et de Cambridge, où il se présente sous une forme assez spéciale. Or cette espèce est une de celles qui possèdent le plus vaste habitat, occupant toute la région paléarctique, de l'Europe occidentale au Japon, débordant même sur la partie N.-O. de l'Amérique Septentrionale et couvrant en latitude tout l'espace compris entre la Laponie, le Kamchatka et l'Alaska jusqu'aux oasis sahariennes. En Angleterre, elle a disparu des comtés du centre et du Sud pour ne maintenir son existence très menacée que dans des régions marécageuses qui échappent à la culture intensive. Beaucoup d'autres espèces diurnes n'existent que dans les comtés du Sud et l'une d'elles, la *Melitaea cinxia* L., seulement dans l'Ile de Wight. La célèbre New-Forest, près de Southampton, est aussi le refuge de plusieurs espèces.

Les Zygènes, très éloignées des Diurnes au point de vue systématique, mais que leurs mœurs en rapprochent, nous fournissent des faits semblables. La Grande Bretagne est pauvre pour ce groupe, et l'on chercherait vainement sur les *Downs* du Bassin de la Tamise quelques espèces encore communes sur les falaises crayeuses de la vallée de la Seine en Normandie. Les quelques espèces britanniques n'habitent parfois qu'une seule localité dans tout le Royaume : la *Zygaena meliloti* Esp. habite uniquement la New-Forest ; la *Z. exulans* Hoh., — sur laquelle je reviendrai — et la Z. achilleae Esp., chacune une seule localité de l'Ecosse.

1. Je dois toutefois rappeler que M. SAINTE-CLAIRE DEVILLE explique autrement, pour les Coléoptères, les lacunes de la faune anglaise. Selon lui, l'Europe ne cesse de recevoir des apports nouveaux, dont les faunes insulaires sont naturellement privées à partir de l'époque où elles ont été isolées. Par exemple, cinq *Carabus*, répandus en Picardie et en Normandie, et qui manquent en Angleterre « sont arrivés trop tard pour franchir le Pas-de-Calais » (*Le Peuplement de la Corse*, p. 174).

On doit reconnaître qu'il est des causes de raréfaction ou même de destruction des espèces qui ne sont pas précisément d'ordre biogéographique, mais uniquement du fait de l'homme. Nous savons positivement que quelques espèces ont reculé depuis un siècle devant les progrès de l'agriculture intensive, le dessèchement des marais, l'extension des villes, la construction de villas sur le littoral, l'établissement des routes et des chemins de fer. D'autres espèces sont décimées, sinon exterminées, par la chasse exagérée qui leur a été faite par les collectionneurs bien plus nombreux en Angleterre qu'en France et s'acharnant sur des insectes dont les « places de vol » comme dit Seitz sont souvent peu nombreuses et peu étendues. Les deux causes ont pu contribuer à la regrettable disparition du plus beau des papillons anglais, le célèbre *Chrysophanus dispar* Hw., assez commun jadis dans les *Fens* des Comtés de Cambridge et de Huntingdon et dont le dernier exemplaire fut capturé en 1848. L'espèce n'est plus représentée aujourd'hui que par les races du Continent, moins belles et moins grandes que le *Large Copper* anglais.

Mais, en écartant l'appauvrissement causé par l'action de l'homme, l'extrême localisation de beaucoup d'espèces semble bien indiquer qu'elles n'ont plus leur extension primitive.

Un autre fait contribue à fortifier l'idée que la faune de la Grande-Bretagne a dû être beaucoup plus riche autrefois. C'est que l'on y trouve avec étonnement quelques espèces méridionales qui paraissent bien être des des *relictes* d'une époque où un climat plus chaud permettait à des espèces du Midi de la France de vivre dans ce pays. Ainsi on prend en Grande-Bretagne, dans quelques localités privilégiées : *Dejopeia pulchella* L., *Sterrha sacraria* L., *Margarodes unionalis* Hb., espèces qui de ce côté de la Manche n'atteignent pas la latitude de Paris ou qui sont tout à fait exceptionnelles dans la France septentrionale. Ces espèces, peu nombreuses chez les Lépidoptères, seraient-elles l'équivalent de la faune lusitanienne ou occidentale, dont M. Sainte Claire Deville a montré l'importance chez les Coléoptères ?

Aucune de ces espèces n'appartient au groupe des Diurnes. A n'envisager que ces derniers, on risquerait en effet d'exagérer l'idée de pauvreté de la faune britannique. Ainsi les Noctuelles avec 324 espèces, les Géomètres avec 280 (Seine-Inférieure : 241 et 213), les Pyralides, les Microlépidoptères, soutiennent mieux la comparaison avec la faune de la Normandie par exemple et des régions voisines.

Un élément constitutif de la faune entomologique de la faune britannique comme de la faune européenne présente un grand intérêt et demande une brève étude spéciale : c'est la *faune montagnarde*. Là encore nous constaterons la pauvreté des Iles Britanniques, tout au moins pour les Diurnes. Sans doute leur relief, très ancien et très usé, ne présente pas de hauts sommets. Mais on sait que le massif du Cumberland approche de 1.000 m. (Scan-Fell, 983 m.), que la cote 1.000 est dépassée dans le pays de Galles (Snowdon 1.094 m.) et que les High Lands d'Ecosse atteignent 1.343 m. à leur point culminant, le Ben Nevis. En Irlande, l'île est entourée d'une ceinture montagneuse atteignant 1.046 m. dans les monts de Kerrys, au S.-O.

Ces hauteurs, assez modestes sans doute, mais situées au N. du 50° devraient posséder, sinon la faune de nos montagnes de premier ordre, au moins celle de nos massifs secondaires, Plateau Central, Jura et Vosges. Or il n'en est pas ainsi, pour les Diurnes surtout. Pas un *Parnassius*, pas même l'*Apollo*, si répandu dans tous les massifs montagneux de l'Europe et souvent à une assez faible altitude. Pas une de ces *Colias*, de ces *Chrysophanus*, de ces *Lycaena*, de ces *Melitaea*, de ces Satyrides, etc., que l'on trouve dans toutes les montagnes. Cependant, et c'est là un fait intéressant, le grand genre *Erebia*, composé presque exclusivement d'espèces de montagne qui se succèdent régulièrement depuis les premières pentes jusqu'aux hauts pâturages à 2.500 m. et au delà, ne fait pas totalement défaut dans les Iles Britanniques, mais il n'est représenté que par deux espèces alors que notre Massif Central en possède 14 et les Vosges mêmes, 5. Les deux *Erebia* britanniques sont : *Epiphron* Knoch et *Æthiops* Esp. La première habite les monts Cambriens (Cumberland), la plus grande partie des Hautes Terres d'Ecosse et se trouve en Irlande au Croagh Patrick, dans le Connemara, qui ne dépasse pas 765 m. La seconde, qui descend à de faibles altitudes dans le N.-E. de la France et en Belgique, est très répandue en Ecosse et habite les Comtés du Nord de l'Angleterre, atteignant presque le niveau de la Mer en certains endroits.

Ce sont là les seuls représentants des espèces de montagnes pour les Rhopalocères. Encore est-ce à peine si *Erebia Æthiops* mérite d'être ainsi qualifiée. On peut leur assimiler *Coenonympha Typhon* Rott. Non pas qu'elle recherche l'altitude, mais parce qu'elle est confinée dans les marais et tourbières des Comtés du Nord, de l'Ecosse et des archipels du Nord, et, qu'elle se multiplie surtout en Irlande. Nulle part cette espèce ne présente autant de races locales et de variétés intéressantes que dans les Iles Britanniques si riches en *mosses* et en *bogs*.

Parmi les Zygénides, la Grande Bretagne possède une espèce d'altitude, la *Z. exulans* Hoh. Ce c'est pas sans étonnement que l'on constate la présence en Ecosse d'une espèce habitant les hauts pâturages des Alpes, entre 2.000 m. au moins et 2.500 m. Elle peut, il est vrai, descendre plus bas, puisque le Jura, le Cantal, la Lozère, la possèdent. Elle est strictement localisée près de Braemar, dans le Comté d'Aberdeen, non loin de la résidence royale de Balmoral.

Comme pour les espèces de plaines, la faune des montagnes est sensiblement plus riche dans les Iles Britanniques en papillons nocturnes qu'en Rhopalocères. Nous trouvons, par exemple, chez les Noctuelles : les *Agrotis Lucernea* L., *Helvetina* Bdv., *Hyperborea* Zett var. *alpina* Hr. et Ww. — *Charaeas graminis* L. — *Hadena Maillardi* H. G. var. *difflua* = *exulis* Lef. (variété circumpolaire). *Dianthoecia caesia* Dkh. — *Plusia chryson* Esp., *bractea* F., *interrogationis* L.

Parmi les Géomètres, on ne peut guère citer que *Larentia caesiata* Lang et *flavicinctata* Hb., *Gnophos myrtillata* Thnb. var. *obfuscaria* Hb., *Psodos coracina* Esp., *Biston lapponaria* B., *Fidonia carbonaria* Cl. La plupart de ces espèces ne se trouvent qu'en Ecosse et parfois aux Shetland.

II

Dans les comparaisons faites jusqu'ici entre la faune entomologique des Iles Britanniques et celle du Continent, il n'a guère été donné que des caractères négatifs. Examinons maintenant si la Grande-Bretagne et l'Irlande ont des caractères positifs.

Il a déjà été dit que pour les Diurnes, elles ne possédaient pas d'espèces spéciales. On peut étendre cette affirmation à tous les Macrolépidoptères, bien que quelques espèces de *Lithosiidae* (*Lithosia sericea*, Gregson) et de Noctuelles (*Tapinostola concolor* Gn.) aient été décrites comme exclusivement britanniques. Mais il est probable qu'elles ne sont que des races plus ou moins spécialisées d'espèces continentales. Il n'en est pas de même pour les Microlépidoptères. TUTT, dans un travail sur ce sujet énumérait en 1902, 3 *Psychidae*, 5 *Pyralidae*, 13 *Tortricidae* et 55 Tinéides (*sensu lato*) spéciales aux Iles Britanniques. La plupart de ces espèces sont admises comme valides par le Catalogue STAUDINGER et REBEL. Peut-être quelques-unes retomberont-elles au rang de simples variétés. D'autres seront sans doute retrouvées sur le Continent, notamment en France lorsque nous aurons autant de zélés chercheurs que nos voisins anglais. Déjà le Catalogue des environs de Vannes, publié en 1908 par notre collègue, l'abbé de JOANNIS, indique la découverte dans le Morbihan de deux *Lita* et d'une *Nepticula* qui sont à rayer de la liste des espèces purement britanniques dressée par TUTT. Néanmoins la faune britannique conservera pour les Micros un nombre assez important d'espèces endémiques.

Si nous passions maintenant aux simples variétés, nous aurions des listes beaucoup plus étendues à fournir. A l'époque où TUTT dressait le catalogue des spécialités britanniques à laquelle je viens de me référer (1902), on n'était pas encore entré dans la voie de la multiplication à outrance des noms de variétés, sauf pour les Noctuelles où TUTT lui-même avait donné des noms à toutes les plus petites modifications de nuance et de dessin des espèces de son pays. Mais ce qui nous intéresse, ce sont les variations ayant un caractère géographique, les races en un mot. Sans aller aussi loin que l'entomologiste italien VERITY, qui a décrit (1) un grand nombre de races britanniques de Rhopalocères, il est incontestable que la Grande-Bretagne et l'Irlande en possèdent un certain nombre. J'ai déjà fait allusion au *Papilio Machaon Britannicus* Spengel et surtout au *Chrysophanus dispar* Hw, aujourd'hui éteint. Je ne signalerai ici qu'un autre diurne vrai-

1. Dans ses articles de l'*Entomologist's Record*.

ment intéressant au point de vue biogéographique. C'est la *Lycaena Astrarche* Bgstr. Dans le Sud de l'Angleterre, elle ne diffère pas des exemplaires continentaux. En Ecosse, elle se présente sous la forme *Artaxerxes* F., très caractérisée et très constante ; dans les Comtés du Nord de l'Angleterre, on trouve la forme *Salmacis* Stph. exactement intermédiaire et qui peut varier elle-même en se rapprochant plus ou moins de la forme du Nord ou de celle du Sud. Ce fait me semble peu favorable à la théorie de VERITY (*Entomologist's Record*, 1928, p. 91) qui voit dans *Artaxerxes* une forme préglaciaire ; elle aurait réussi à se maintenir en quelque refuge pendant la période de glaciation et aurait ensuite repeuplé l'Ecosse.

Dans les Noctuelles, l'*Agrotis subrosea* Stph., était aussi une race spéciale à l'Angleterre, que la var. *subcaerulea* Stgr représente aujourd'hui dans le Nord de l'Europe.

Les archipels du Nord, les Hébrides et les Shetland présentent un certain nombre de races intéressantes, étrangères à la Grande-Ile, par exemple dans le genre *Hepialus*.

Chez les Noctuelles et les Géomètres, presque toutes les races spéciales aux Iles Britanniques sont caractérisées par le MÉLANISME, les espèces grises devenant noires et les espèces fauves ou jaunâtres devenant d'un brun très foncé. Parfois, des exemplaires mélanisants s'observent aussi chez ces espèces sur le continent. Mais ce qui est très rare en France ou dans les pays voisins devient fréquent de l'autre côté de la Manche. C'est là un fait qui a frappé tous les entomologistes. Charles OBERTHUR a remarqué que les Noctuelles des Pyrénées, de Cauterets en particulier, ressemblent souvent à celles de l'Angleterre. Cela tient sans doute à la pluviosité du versant français des Pyrénées, qui contraste avec la sécheresse du versant espagnol.

Chose singulière, le mélanisme des papillons de nuit britanniques, que l'on attribue en général à l'humidité du climat, paraît être en progrès à l'époque actuelle, sans qu'on puisse évidemment admettre que le climat ait changé en un si court laps de temps. L'exemple le plus frappant est celui de la variété noire (*Doubledayaria* Mill.) d'*Amphidasis betularia* L. SOUTH, auteur d'un bon Catalogue des Papillons de l'Angleterre écrivait dans sa préface, en 1884, que cette variété était presque inconnue aux environs de Manchester trente ans plus tôt et que maintenant on pouvait l'y trouver communément. Depuis, la tendance au développement du mélanisme n'a fait que s'accroître. Cette question intéresse beaucoup nos voisins et la *Royal Society* a mis la question à l'étude en 1900. On a choisi cinq Noctuelles et 9 Géomètres — dont fait partie bien entendu l'espèce ci-dessus — pour procéder à une vaste enquête (1). Le rapport a été publié en 1906 (dans

1. *Acronycta psi* L., *Agrotis corticea* Hb., *Mamestra nebulosa* Hufn, *Hadena monoglypha* Hufn., *Polia Chi* L. — *Acidalia aversata* L., *Larentia* (*Venusia*) *cambrica* Curt, *Larentia* (*Camptogramma*) *bilineata* L, *Hybernia marginaria* Bkh, *Amphidasis betularia* L., *Phigalia pedaria* F., *Hemerophila abruptaria* Thab., *Boarmia repandata* L, *Gnophos obscuraria* L.

l'Entomologist's Record) par M. Doncaster. Il groupe un grand nombre de faits intéressants, mais ne peut expliquer le fait, bien établi désormais, des progrès du mélanisme. C'est surtout dans les districts industriels des *Midlands* et dans la région de Londres que les exemplaires mélanisants se multiplient.

Enfin, en dehors du mélanisme on doit dire que les Iles Britanniques paraissent favorables à la variabilité des Lépidoptères. C'est le *pays des variétés*, comme disait Charles Oberthur. Non seulement on prend plus souvent que sur le Continent des aberrations de Diurnes, mais plusieurs espèces, connues d'ailleurs par leur instabilité, présentent une multitude de formes des plus belles et des plus étranges sans qu'on puisse dire que les espèces varient dans telle ou telle direction. Nulle part, je crois, on n'a obtenu une pareille quantité d'aberrations ; mais nulle part, il est vrai, il n'y a eu autant d'habiles et patients éleveurs de chenilles. Je signalerai surtout trois espèces : *Arctia caja* L., *Spilosoma lubricipeda* L., *Abraxas grossulariata* L. Gregson a passé des années à élever à Liverpool des milliers de chenilles de cette dernière espèce sur ses groseilliers et, a, par sélection, obtenu des produits remarquables. Barrett et Mosley, en Angleterre, Ch. Oberthur en France ont représenté dans leurs iconographies beaucoup de variétés anglaises. Les planches photographiques données par ce dernier dans la XXe livraison des *Etudes d'Entomologie* sont particulièrement instructives.

Je terminerai en posant la question de la voie par laquelle s'est fait le peuplement lépidoptérologique des Iles Britanniques. A première vue, on peut croire que c'est des pays qui sont aujourd'hui la France et la Belgique que sont venus les ancêtres des papillons actuels de la Grande Ile, d'autant plus que des îlots d'espèces méridionales existent çà et là, comme je l'ai dit. Mais plusieurs entomologistes anglais sont d'un autre avis. Pour eux c'est à travers ce qui est aujourd'hui la Mer du Nord, et en venant de la Norvège que le peuplement s'est fait. C'est l'opinion de Buchanan-White dans un travail intéressant publié en 1881. La flore et la faune seraient venues, après la disparition des glaciers qui avaient recouvert le pays, le repeupler « *across the dry bed of the German Ocean* ». Un entomologiste de valeur, mort il y a peu d'années, Rowland-Brown était porté à admettre cette opinion à propos des deux Zygènes que l'Ecosse possède à l'exclusion de l'Angleterre et qu'il croit y être venues de la Scandinavie, d'autant plus que *Z. exulans* aurait été découverte aux Iles Shetland en 1895. Tutt, d'autre part, fait remarquer que la *Vanessa Antiopa*, habituellement grande rareté en Angleterre, mais extraordinairement abondante en 1872 sur toute la côte est, avait dû venir de la Scandinavie et non des contrées méridionales.

C'est là une question qui est du ressort des paléogéographes, auxquels les entomologistes ne peuvent que soumettre les faits.

BIBLIOGRAPHIE

Outre les ouvrages généraux sur les Lépidoptères d'Europe j'ai consulté particulièrement les ouvrages de :

TUTT (J. W.). — British Butterflies, Londres, G. GILL and sons, 1896.

— British Lepidoptera, Londres, Swan SONNENSHEIN, 1899 et années suivantes.

— List of species, varieties and aberrations of Lepidoptera so far only recorded from the British Islands (*Ent. Record*, 1902).

BUCHANAN-WHITE. — Some thoughts on the Distribution of British butterflies, *The Entomologist*, 1881.

ROWLAND-BROWN. — *Anthrocera achilleae Esp. in Scotland*, etc. Même recueil, 1919.

OBERTHUR. — (Ch.) *Observations sur la faune anglaise des Lépidoptères*, in *Feuille J. Nat.*, 1900, 1er novembre.

SAINTE-CLAIRE DEVILLE (I). — Etudes de zoogéographie, *Ann. de la Soc. Ent. Belg.*, pp. 390-421, avec cartes, 1921.

— Le même : article dans le *Peuplement de la Corse*, Paris, 1926.

Quelques aspects du peuplement des Iles britanniques.

(Coléoptères)

par

J. SAINTE-CLAIRE DEVILLE

« There is no short and easy method of dealing with these questions..., because they are in their very nature the visible outcome and residual product of the whole past history of the earth. » (H. RUSSELL WALLACE, *Island Life*, éd. III, p. 7.)

I

L'Angleterre peut être considérée, à juste titre, comme le berceau de la Biogéographie. Nulle part ailleurs que dans les Archives de la science britannique, on ne peut trouver un pareil nombre de travaux nettement dirigés dans le sens qui nous occupe, et antérieurs à 1880 environ, c'est-à-dire au début de l'apparition des grands ouvrages synthétiques continentaux (ENGLER, KOBELT, NEHRING, etc.).

Il n'en est que plus présomptueux, de la part d'un naturaliste étranger, d'aborder l'étude de la faune britannique.

Après quelques hésitations, je m'y suis néanmoins décidé. Trente ans de relations cordiales et de collaboration avec les entomologistes d'outre-Manche, et une connaissance relativement complète de la faune de l'Ouest Européen, m'autorisent jusqu'à un certain point à exposer des vues personnelles.

Tout en restant d'accord, dans les grandes lignes, avec l'ensemble des travaux publiés en Angleterre, mes conclusions s'en écarteront un peu sur certains points. Elles dérivent, en effet, d'un examen de la faune britannique fait, si l'on peut dire, de l'extérieur, et avec des préoccupations assez différentes.

J'ai été amené à étudier certaines faunes insulaires, non pour en expliquer la genèse propre, mais afin d'essayer de mettre en lumière les derniers remaniements de la faune européenne, ceux qui remontent à des époques relativement peu éloignées et qui, à ce qu'il semble, devraient être assez faciles à restituer. Il s'agit, non plus du déchiffrement laborieux d'un palimpseste, comme l'a fait mon ami R. JEANNEL pour certains groupes très anciens, mais de la simple lecture d'un manuscrit un peu obsolète. La tâche devrait être aisée. En réalité, je suis obligé d'avouer que le texte est souvent obscur, et les interprétations très discutables.

Dans leur classement des espèces britanniques en groupes naturels, les naturalistes anglais ont surtout pris pour base la répartition de ces espèces à l'intérieur du Royaume-Uni. Je les ai groupées, au contraire, d'après leur dispersion générale, la disposition des stations britanniques n'intervenant que comme facteur secondaire. Peu m'importe, par exemple, que des insectes tels que *Chrysomela Banksi* F., *Paraphaedon tumidulus* Germ., *Barypithes sulcifrons* Bohm., etc., occupent l'Irlande et une bonne partie de l'Ecosse, jusqu'à des latitudes assez élevées. Ces espèces, déjà très localisées en France et absolument étrangères à l'Europe Centrale, n'en sont pas moins, par l'ensemble de leur dispersion, d'origine nettement ibérique (1).

II

Il serait indispensable de résumer, ne fût-ce qu'en peu de mots, les principales idées qui ont été émises en Angleterre sur la composition et l'origine de la flore et de la faune britannique. L'espace restreint qui nous est accordé ne permet, ni un historique, même succinct, ni des citations multiples.

J'emprunterai le rapide exposé qui suit à une conférence faite autrefois par mon regretté correspondant W.-E. SHARP (2).

En ce qui concerne l'influence de la période glaciaire, donnée capitale en ce qui concerne la faune britannique, les avis sont très partagés. Plusieurs auteurs (WALLACE, GEIKIE, REID, etc.) opinent en faveur d'une destruction complète ou quasi-complète de la faune ancienne. La faune actuelle ne serait, ou peu s'en faut, qu'un repeuplement post-glaciaire. Pour notre collègue le Professeur R. F. SCHARFF, en revanche, l'influence de la période glaciaire aurait été communément très exagérée, et on pourrait considérer la faune britannique comme ayant évolué avec une continuité ininterrompue depuis les temps préglaciaires.

1. La comparaison entre les cartes de dispersion n°s 11 et 2 montre comment deux espèces peuvent avoir dans les Iles Britanniques des localisations analogues, et n'en être pas moins d'origine complètement différente.

2. *Some speculations on the Derivation of our British Coleoptera*, in *Trans. Liverpool Biol. Soc.*, XIII (1899), pp. 163-164.

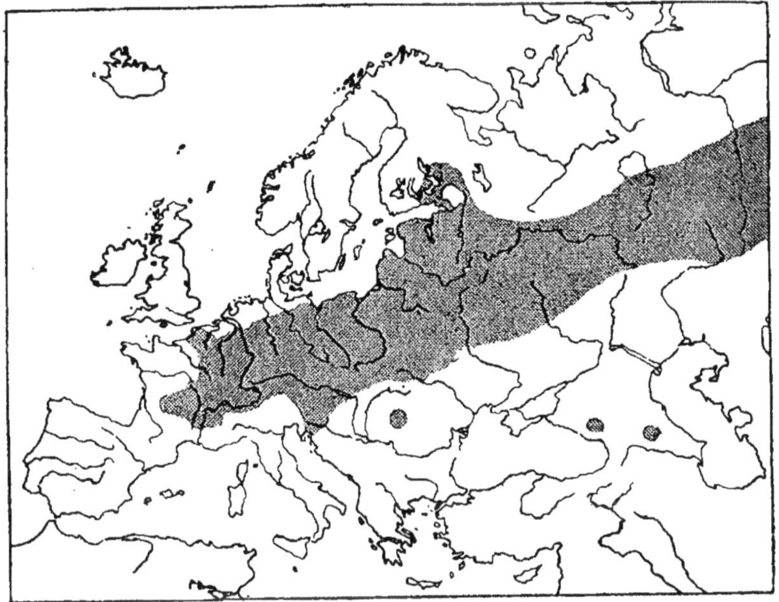

1. – *Anthophagus abbreviatus* F.

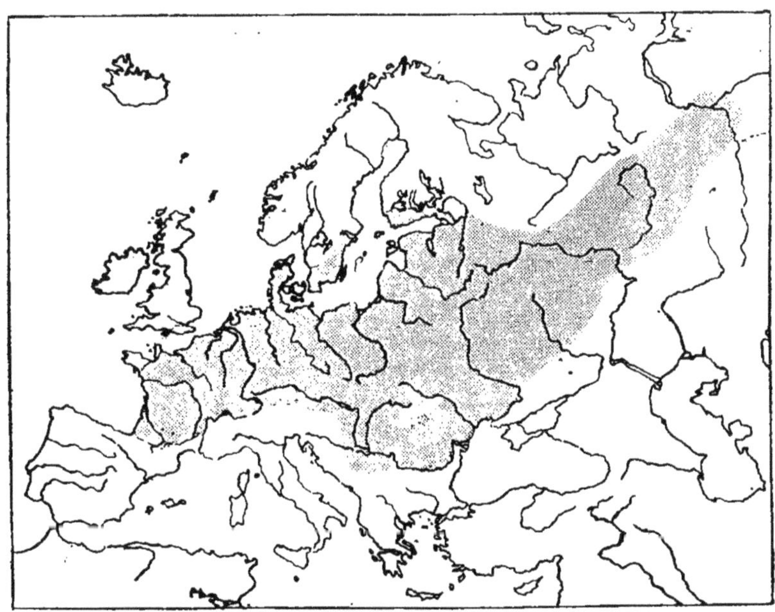

2. – *Agonum livens* Gyllh.

On est en général d'accord pour partager les animaux et les plantes des Iles Britanniques en trois groupes principaux.

Un premier groupe dit « arctic », « glacial », ou « celtic », comprend un nombre assez restreint d'espèces nettement boréales. Il est particulièrement bien représenté dans les Highlands d'Ecosse, dans les îles dépendant de cette contrée, et en Irlande ; un certain nombre d'espèces poussent jusque dans la Chaîne Pennine, le Pays de Galles, et quelques-unes même jusqu'au Dartmoor.

Un second groupe, de beaucoup le plus important, se compose d'espèces assez régulièrement réparties, mais bien plus nombreuses et plus abondantes dans l'Angleterre propre qu'en Ecosse et en Irlande. Les insectes de ce groupe seraient originaires des plaines de l'Europe Centrale ; elles ont parfois été attribuées, on ne sait trop pourquoi, à une immigration d'origine sibérienne (1).

La troisième catégorie est difficile à définir et manque quelque peu d'homogénéité. Elle est formée des espèces actuellement cantonnées dans l'extrême sud de l'Angleterre et parfois aussi dans le Sud-Ouest de l'Irlande, avec une tendance à la localisation extrême ou à la discontinuité. Aucun de ses représentants n'existe en Ecosse. Ce groupe, dans sa partie occidentale, a reçu les noms d' « ibérien » ou « lusitanien » ; la partie orientale été qualifiée de « teutonique » (2).

D'où une théorie un peu simpliste, émise par les partisans du renouvellement total de la faune après l'époque glaciaire. Avant la formation de la Manche et celle de la Mer du Nord, les éléments des trois groupes, venant du continent européen, c'est-à-dire de l'Est, auraient envahi les Iles Britanniques dans l'ordre indiqué. Entre l'arrivée du premier groupe et celle de la plupart des représentants du second, la communication terrestre entre l'Ecosse et le Nord de l'Irlande aurait cessé d'exister. Enfin le troisième groupe serait composé des tout derniers arrivés, lesquels n'auraient eu le temps de faire que très peu de chemin.

W. E. Sharp, qui expose cette théorie avec beaucoup d'objectivité et de sens critique, ne cache pas qu'elle est loin de le satisfaire. Il en indique nettement les invraisemblances et les lacunes, et formule un certain nombre d'objections précises, que je reprendrai pour mon compte un peu plus loin. Il a bien l'intuition que la dispersion actuelle de la plupart des espèces du groupe arctique est peu explicable si on se les imagine immigrés ou réimmigrés de l'Est ou du Sud, à travers une « *tabula rasa* » entièrement vidée de ses habitants. Mais il ne se décide pas à ébranler définitivement, comme le fera plus tard R. F. Scharff, la solide légende de la grande glaciation exterminatrice, et il s'arrête à mi-chemin, sur cette question comme sur celle des relicta lusitaniens de l'Irlande.

1. W. E. Sharp, *loc. cit.*, p. 177.
2. Le Prof. Scharff, déjà cité, soucieux de la dispersion générale des espèces en litige, n'a eu garde de confondre l'élément lusitanien et l'élément teutonique. — Cf. *European Animals*, chap. II, III et IV.

III

J'ai dû tenter de reprendre, sur une nouvelle base, le classement par groupes des Coléoptères britanniques, ou tout au moins de ceux d'entre eux, un millier environ, qui peuvent être d'une utilité quelconque dans une étude de biogéographie.

Tout le monde est d'accord pour laisser de côté, en pareil cas :

1° Les espèces trop discutées ;

2° Les animaux trop rares ou trop peu connus ;

3° Ceux d'origine visiblement exotique ;

4° La grande classe des ubiquistes, admirablement adaptés au voisinage de l'homme et aux contrées modifiées par la culture ;

5° Les espèces dont la dispersion est trop nettement liée à celle d'un autre organisme, dont elles ne sont à vrai dire que les satellites.

Dans le problème qui nous occupe, j'éviterai en outre de faire entrer en ligne de compte les espèces qui sont trop évidemment sous la dépendance directe ou indirecte de la nature du terrain. Nous venons de voir quelle importance attachaient les naturalistes anglais à la présence ou à l'absence de telle ou telle espèce dans les différentes parties des Iles Britanniques. J'ai l'impression qu'un argument de cette sorte ne saurait être employé qu'avec beaucoup de discernement. Il est extrêmement probable que l'Irlande, l'Ecosse, les comtés du Middle-West et le Pays de Galles doivent pour une bonne part leurs déficiences fauniques à la nature du sol, trop exclusivement siliceux (1). Qui peut dire ce que serait la faune britannique si, à la place des South Downs, s'élevait une puissante chaîne granitique, et si les vallées de l'Ecosse étaient sculptées dans un plateau peu élevé, constitué par la craie blanche ou le calcaire jurassique ?

Si l'on ne peut suivre le Dr F. Dahl (2) dans sa thèse un peu extrême, et accorder à l'écologie une importance à peu près exclusive comme facteur de dispersion, il n'en est pas moins certain que cette importance est considérable. En face d'un trait anormal de dispersion, nous ne sommes en droit de faire appel aux hypothèses paléogéographiques que lorsque les données écologiques sont complètement impuissantes à nous rendre raison des faits observés (3).

1. La liste des Coléoptères des comtés de Lancashire et Cheshire, dressée en 1907 par W. E. Sharp, ne compte que 1.486 espèces et n'a reçu depuis lors qu'un petit nombre d'additions. La faune paraît à peu près aussi déficitaire que celle de l'Irlande. A titre d'analogie, observer en France l'extrême pauvreté de la Basse-Bretagne et du Morvan, et l'inégalité surprenante entre la forêt de sapins des Vosges et celle du Jura.

2. *Œkologische Tiergeographie*, Iéna, 1921.

3. En réalité les facteurs écologiques et paléogéographiques sont la plupart du temps associés. Les premiers conditionnent les sinuosités locales et les fluctuations

Or, au moins en ce qui concerne les Coléoptères, le plus important des facteurs écologiques généraux est la nature du terrain, laquelle conditionne directement un grand nombre de biotopes. L'influence du climat a été, la plupart du temps, singulièrement exagérée. Elle n'est décisive que dans certains cas bien définis. En revanche, un changement brusque de la composition du sol peut, en certains cas, avoir la valeur d'une véritable barrière.

Ceci dit, et les éliminations faites, au moins approximativement, il restait sur la « *British List* » quelques centaines d'espèces, pour lesquelles j'ai établi des cartes de dispersion.

Une fois les cartes tracées, il s'agissait de les répartir en groupes, et d'en opérer un classement rationnel.

Ici commencent les difficultés.

Au cours de ce travail, on s'aperçoit rapidement qu'il n'y a pas deux cartes absolument identiques et qu'en réalité chaque espèce a son histoire évolutive propre. Pour former des groupes ou des sous-groupes, on se voit forcé de recourir à des définitions passablement arbitraires et artificielles, dont l'emploi littéral risque de faire classer une espèce en dehors de ses affinités réelles (1). En outre, les sous-groupes ainsi créés se fondent les uns dans les autres par des transitions insensibles.

Le résultat le plus clair de la confection des cartes et de leur comparaison est peut-être de faire apparaître des chaînes de stations actuelles, jalonnant les itinéraires problématiques qui ont pu être parcourus autrefois par certains insectes, dont les aires de dispersion sont aujourd'hui fractionnées et disjointes (2).

récentes de la limite de dispersion ; les seconds restent nécessaires pour en expliquer l'allure générale et les traits principaux. Considérons la carte de dispersion de l'*Anthophagus abbreviatus* F. (carte n° 1, cf. *supra*), dont, tout au moins en France, les limites de dispersion ont pu être établies avec précision. Les conditions de climat (pluviosité, maxima d'été) rendent parfaitement compte de la curieuse inflexion que font ces limites autour de Paris. Mais si nous voulons nous expliquer pourquoi l'insecte est répandu sans discontinuité depuis l'Iénisséi jusqu'au Pas-de-Calais, pourquoi, présent en Finlande, il fait défaut en Scandinavie et dans toutes les îles européennes, pourquoi il n'a envahi que la lisière extérieure de l'arc alpin, sans pénétrer au cœur du massif, nous abordons un ordre de faits qui ne relève que de l'histoire évolutive de l'espèce, dans ses rapports avec la géographie.

Plus haut nous rencontrons dans le passé, et plus l'influence du facteur paléogéographique devient prépondérante. Il en est de même lorsque, cessant de prendre l'espèce comme unité, nous étudions la dispersion d'un groupe d'ordre supérieur (sous-genre, genre, tribu).

1. Tel est le cas du *Mesites Tardyi* Curt., une des unités les plus remarquables de la faune britannique actuelle. Ses congénères appartiennent à la faune du golfe de Gascogne, de la Méditerranée occidentale, et surtout à celle des îles Madère et Canaries. Mais le hasard veut que la seule localité certaine où il ait été trouvé en dehors des Iles Britanniques se trouve aux environs de Stavanger (S.-O. de la Norvège), en sorte que l'application aveugle d'une définition trop rigide le classerait parmi les espèces boréales.

2. L'une de ces chaînes hypothétiques peut être ainsi définie : Zones littorale et insulaire de la Norvège, îles Shetland et Orkney, Highlands d'Ecosse, avec bifurca-

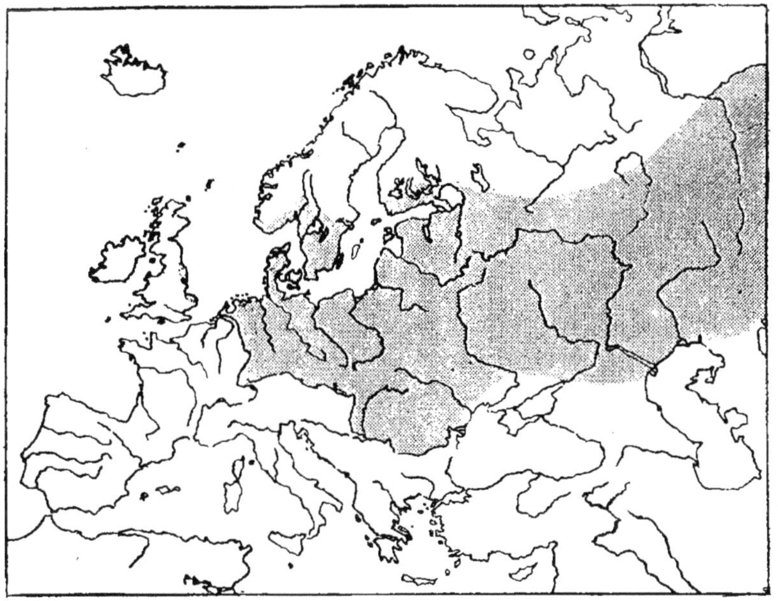

3. — *Nebria livida* L.

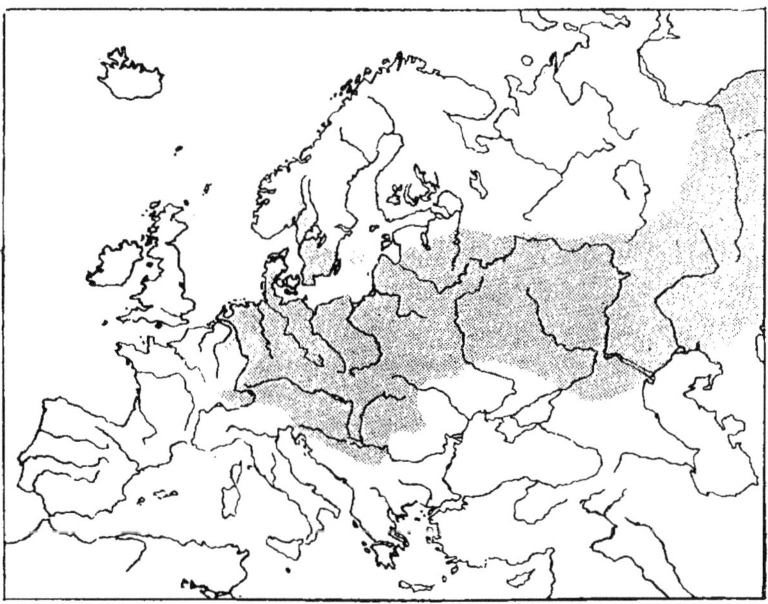

4. — *Agonum gracilipes* Duft

Quoi qu'il en soit, voici, je crois, comment on peut envisager une répartition en groupes naturels des Coléoptères britanniques.

Je commencerais par mettre à part les espèces dont la base de dispersion est indubitablement située dans la partie centrale du continent eurasiatique. Les espèces qui présentent ce type de dispersion s'avancent en général vers l'Ouest sur un front de marche progressivement réduit. Beaucoup d'entre elles n'atteignent pas l'Atlantique. Celles qui parviennent à l'Océan ne le bordent en général que sur une façade assez étroite. Un petit nombre seulement ont pu pénétrer en Angleterre, et leur aire d'habitat y est assez particulière et en général peu étendue. Nous les désignerons sous l'expression de « Groupe A ».

Un bon exemple en est fourni par le *Nebria livida* L. (carte n° 3).

Le *N. livida* se rencontre à partir du Thibet, de la Mongolie et du cours de l'Iénisséi. Il est commun en Russie, déjà moins abondant dans l'Europe Centrale, où il est à peu près cantonné à l'Est du Rhin et au Nord du Danube, avec d'assez nombreuses colonies le long de ces deux grands fleuves.

En Angleterre, il s'est maintenu le long des falaises argileuses de Scarborough, Filey, Bridlington (Yorkshire) et de Cromer (Norfolk) ; une cinquième localité (Cannock Chase, dans le Staffordshire) laisserait à penser qu'il a remonté le cours de la Trent.

Il est naturel de supposer que ce *Nebria* habitait les rives du grand fleuve qui prolongeait le Rhin sur l'emplacement actuel de la Mer du Nord. Lors de l'envahissement graduel du bassin par les eaux marines, il a été refoulé peu à peu jusqu'à ses stations actuelles. C'est un excellent type de l'élément « teutonique » des naturalistes anglais.

En Angleterre, les Coléoptères de cette origine ne se trouvent guère en dehors des comtés de Kent, Essex, Suffolk, Norfolk, Lincoln et York, c'est-à-dire de ceux qui bordent les parties peu profondes de la Mer du Nord. La plupart d'entre eux n'atteignent, ni le Sud-Ouest, ni l'Ouest de la Grande-Bretagne ; tous font défaut en Irlande.

tion d'une part sur l'Irlande, d'autre part sur la chaîne Pennine, le Pays de Galles et même le Dartmoor.

Au Sud, elle se prolonge, sauf lacunes, de la manière suivante :

Plateau armoricain, seuil du Poitou, Limousin, tout le Massif Central français, Cévennes, massifs de Carlitte et du Canigou, Pyrénées Centrales et Occidentales jusqu'aux Asturies, et dans les cas extrêmes, jusqu'en Galice, dans les sierras du Portugal et de l'Espagne centrale, exceptionnellement jusqu'au Moyen-Atlas Marocain.

A partir du Morvan, cette chaîne de jalons jette une antenne vers les Vosges et le Massif schisteux Rhénan, la Forêt-Noire, la Thuringe, l'Erzgebirge, le Riesengebirge et le Tatra, c'est-à-dire, en réalité, sur l'ensemble des massifs montagneux de l'Europe centrale antérieurs au soulèvement des Alpes.

Une autre chaîne de localités très remarquable est celle qui a pu amener dans l'Europe occidentale les espèces steppicoles et halophiles de la faune ponto-caspienne. On la suit depuis la Roumanie, la Hongrie, diverses régions d'Allemagne (Saxe, Thuringe, vallée du Rhin) jusqu'aux Pays-Bas et, comme nous allons le voir, aux Comtés anglais de l'Est.

En France, des couloirs de pénétration, prolongeant les précédents ont dû relier la Haute-Alsace, d'une part avec la vallée de la Loire jusqu'à Nantes, d'autre part avec la vallée du Rhône et le littoral méditerranéen.

Cependant, l'attribution à ce groupe d'une espèce donnée a forcément un caractère un peu subjectif, et la liste en est délicate à établir. Au total, je ne crois pas qu'elle atteigne plus de 100 à 150 unités, c'est-à-dire 3 à 4 % de l'effectif de la faune britannique ; en ce qui concerne les Coléoptères.

A tout hasard, voici l'énumération d'une trentaine d'espèces qui me semblent rentrer sans trop d'incertitude dans cette catégorie :

Nebria livida L. (carte n° 3).
Dyschirius extensus. Schaum.
Callistus lunatus F.
Acupalpus elegans Dej.
Harpalus azureus F., *caspius* F.
Amara strenua Zimm.
Agonum livens Gyll., *gracilipes* Duft. (carte n° 4).
Epaphius rivularis Gyll. (*Trechus incilis* Daws.).
Dromius longiceps Dej.
Haliphus striatus Sharp.
Agabus striolatus Gyll.
Tachyusa flavitarsis Sahlb.
Achenium variegatum Fourcr., *humile* Nic.
Bledius diota Schiœdte.
B. Poppiusi Bernh. (*filipes* Sharp).
Trogophlœus Schneideri Ganglb. (*hemerinus* Joy).
Dryops anglicanus Edw.
Malachius vulneratus Ab.
Cerapheles terminatus Mén.
Hydrothassa hannoverana F.
Adimonia œlandica Bohm.
Chaetocnema conducta Motsch.
Longitarsus absinthii Kutsch.
Psylliodes sophiae Heik. (*cyanoptera* auct.).
Hypera arundinis Payk.
Lixus paraplecticus L.
Procas armillatus F.
Bagous binodulus Herbst, *argillaceus* Gyll.
Ceuthorrhynchus pulvinatus Gyll., *querceti* Gylh.
Baris scolopacea Germ.

En examinant cette, liste, un « field-naturalist » un peu expérimenté ne peut résister à la suggestion d'un paysage ou d'une succession de paysages assez précis. Contrée basse, coupée de lagunes saumâtres et de bras de mer calmes et peu profonds, déposant, non du sable, mais des vases salées ; vastes marais d'eau douce sans profondeur, du type des roselières à fond tourbeux ; parties définitivement asséchées analogues à la « Heide » de l'Allemagne du Nord. Climat plus sec et plus continental qu'à présent. On remarquera qu'aucune des espèces énumérées ci-dessus ne fait partie de la faune des forêts.

Telle devait être la physionomie de l'emplacement actuellement recouvert par la Mer du Nord au moment où les eaux marines commençaient à l'envahir (1).

En même temps que cette immigration d'insectes venant de l'Est, il s'est certainement établi un contre-courant qui a emmené en Belgique, en Hollande, dans le Nord-Ouest de l'Allemagne et même parfois jusqu'en

1. Certaines de ces espèces (*Dyschirius extensus*, *Malachius vulneratus*, *Chaetocnema conducta*, *Psylliodes sophiae*) appartiennent à la faune ponto-pannonique et ont actuellement leur maximum de fréquence dans le bassin de Vienne et la plaine hongroise. Entre cette région et les comtés anglais, de l'Est, elles n'ont plus qu'une très petit nombre de stations connues, parmi lesquelles en général la région des salines de Saxe et de Thuringe (Artern, Eisleben).

Danemark et en Scanie des espèces d'origine occidentale ou britanno-armoricaine, telles que les suivantes :

Calathus piceus Marsh.
Notiophilus quadripunctatus Dej.
Xenusa uvida Er. (1).
Empleurus rugosus Ol.
Otiorrhynchus ligneus Ol. (2).
Cœnopsis fissirostris Bach., *Waltoni* Bohm.
Atactogenus exaratus Marsh.

Comme la liste précédente, celle-ci ne renferme aucune espèce faisant exclusivement partie de la faune des forêts.

Nous montrerons un peu plus loin qu'un assez grand nombre d'espèces sylvatiques, originaires de l'Europe Centrale, ont atteint le Nord de la France jusqu'au Pas-de-Calais, sans pouvoir pénétrer sur le sol britannique. La formation du Pas-de-Calais semble donc avoir suivi une période de prospérité de la faune des steppes, et précédé une période d'avance de la forêt.

Ce premier « stock » une fois séparé, il reste une majorité d'espèces qui, au contraire, s'appuient à l'Atlantique par une large façade, et s'étendent vers l'Est d'une manière extrêmement inégale, tout en diminuant de fréquence au fur et à mesure qu'elles s'écartent de leur base. Elles constituent le bloc le plus important de la faune britannique.

La carte n° 5 représente un type de ce genre de dispersion : *Nebria degenerata* Schauf. (*iberica* Munst., *Klinckowstrœmi* Mjöb.).

Il semble difficile, et peut-être un peu vain, de vouloir rechercher à tout prix de quelle direction et par quelle région elles ont pénétré dans les Iles Britanniques. Toutes, bien entendu, ne peuvent pas être regardées comme autochtones. Cependant la mise en place de certaines d'entre elles est très probablement assez ancienne. Elles devaient déjà faire partie de la faune du continent, plus étendu qu'à présent, qui prolongeait l'Europe d'aujourd'hui jusqu'à une ligne de rivage jalonnée par le plateau continental actuel. A un moment donné, le littoral a dû être continu, du Maroc à la Norvège, en passant au large des Shetland. C'est en étudiant de près la dispersion de ces espèces qu'on peut se rendre compte que, pour plusieurs d'entre elles, les grandes lignes de cette dispersion sont antérieures à certains faits géologiques, tels que l'ouverture du détroit bétique ou du détroit de Gibraltar, la dislocation de la Tyrrhénide ou la surrection des Alpes.

Il est donc indispensable de fractionner ce gros bloc des espèces occidentales, ne fût-ce que pour en faciliter l'étude. Après un certain nombre d'essais et de tâtonnements, je me suis arrêté à la division suivante, qui est d'ailleurs loin d'être pleinement satisfaisante :

Groupe B. — Espèces qui, en dehors des Iles Britanniques, ne se trouvent actuellement que dans les autres îles de l'Atlantique Nord (Islande, Fär-öer), en Scandinavie et dans les terres arctiques.

1. Ile de Terschelling (Hollande).
2. En Allemagne, seulement dans les îles Frisonnes (Borkum, etc.).

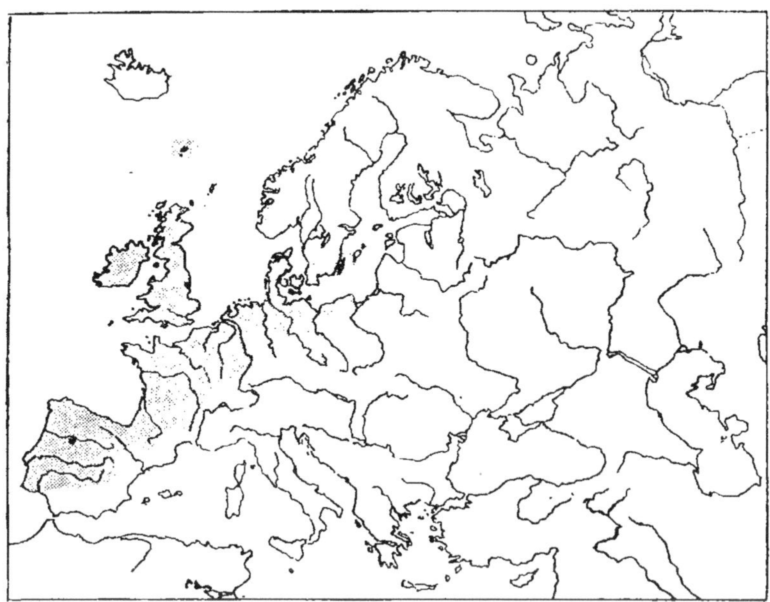

5. — *Nebria degenerata* Schauf. (*iberica* Munst.).

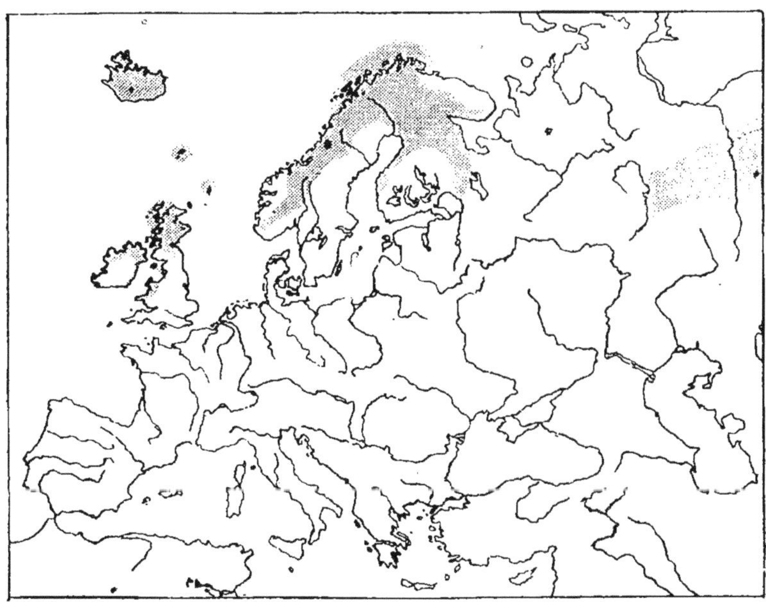

6. — *Pterostichus adstrictus* Eschsch.

Groupe C. — Espèces qui, en dehors des Iles Britanniques, habitent non seulement la Scandinavie et les terres arctiques, mais aussi les hautes montagnes de l'Europe tempérée et même de l'Europe méridionale.

Groupe D. — Espèces dont l'aire de dispersion se prolonge dans les îles de la Méditerranée et l'Afrique du Nord, ou au moins dans l'un de ces domaines fauniques.

Nous en ferons deux subdivisions. La première est formée des insectes très eurythermes, actuellement présents sur certains points du Danemark, de l'Allemagne du Nord, de la Scandinavie et de l'ancien Empire Russe. Dans la seconde, nous rangerons ceux qui, sur le continent, ne dépassent pas la latitude de la côte méridionale anglaise, c'est-à-dire environ le 50e degré de latitude Nord.

Groupe E. — Espèces n'atteignant pas ou ne dépassant pas au Sud la rive Nord de la Méditerranée.

Comme pour le groupe D, deux subdivisions :

1° Espèces eurythermes à grande dispersion.

2° Espèces plus particulièrement atlantiques et en général limitées, en dehors des Iles Britanniques, à des latitudes plus méridionales.

Groupe B.

Les espèces de ce groupe sont assez peu nombreuses, une vingtaine au plus, dont voici la liste :

Pelophila borealis Payk.
Elaphrus lapponicus Gyll.
Bradycellus cognatus Gyll. (1).
Pterostichus adstrictus Eschsch. (*vitreus* Dej.) (carte n° 6).
Amara alpina F.
Bembidion virens Gyll.
Patrobus assimilis Chaud. (1).
Cœlambus novemlineatus Steph (1).
Hygrotus quinquelineatus Zett.
Deronectes depressus F.
Agabus arcticus Payk.
Gyrinus opacus Sahlb.
Ocyusa laticollis Thoms. (*hibernica* Rye).
Gnypeta cœrulea Sahlb.
Bledius arcticus Thoms. (*Annae* Sharp).
Geodromicus globulicollis Zett. (2).
Olophrum consimile Gyll. (1).
Homalium brevicolle Thoms.
Anthobium lapponicum Gyll. (3).

(19 espèces, dont 9 existent en Irlande).

Les espèces britanniques de ce groupe donnent lieu aux observations suivantes :

a) Toutes, sans exception, appartiennent à la faune scandinave, ou, plus exactement, à l'un des éléments de la faune scandinave, l'élément occiden-

1. S'étendent au Sud jusqu'à l'Allemagne du Nord et même aux Pays-Bas.
2. Race proprement boréale. Les races alpines sont assez différentes.
3. Indiqué autrefois des Riesengebirge. Je crois me souvenir que ce renseignement a été rectifié et annulé.

tal, celui qui domine dans la zone littorale de la Norvège et dans les îles (1).

b) La plupart d'entre elles prospèrent, sur le sol des Iles Britanniques, sous des latitudes relativement basses et sous des climats beaucoup moins rigoureux que dans les parties continentales de leur aire de dispersion. Plusieurs d'entre elles (*Cœlambus novemlineatus*, *Gnypeta cœrulea*) atteignent les comtés du Sud, notamment le Devonshire.

c) En revanche, certains représentants du groupe (par exemple *Elapphrus lapponicus*, *Amara alpina*, *Bembidion virens*, etc.) sont extrêmement localisés et donnent l'impression de relicta en voie de disparition.

Ces deux faits (modification graduelle des exigences thermiques et apparence de relicta) laissent supposer qu'il s'agit d'espèces dont la présence sur le sol des Iles Britanniques est assez ancienne. La plupart de ces insectes sont de ceux dont l'introduction accidentelle est peu vraisemblable. Quelques-uns font encore partie des faunes actuelles, si réduites, de l'Islande et des Fär-öer. On est conduit à admettre qu'ils habitaient l'ancien continent nord-atlantique avant sa dislocation, et qu'ils ont traversé la période glaciaire sur place ou presque sur place, à la faveur de petites zones privilégiées, libres de glace et de neige pendant quelques mois d'été. C'est au moins l'hypothèse la plus plausible.

Groupe C.

Le groupe C est beaucoup plus nombreux. Associé au précédent, il coïncide à peu près exactement avec l'élément arctique, glacial ou celtique des naturalistes anglais. D'autre part, par sa définition même, il correspond à la faune boréo-alpine des zoogéographes contemporains. Ses représentants ont une aire de dispersion plus ou moins nettement séparée en deux portions, l'une comprenant les parties boréales de l'Eurasie ou même de tout l'hémisphère Nord, l'autre les hautes montagnes (2).

Entre les deux groupes de stations, la lacune est souvent étroite, et se réduit parfois à une zone dans laquelle l'espèce est raréfiée et localisée.

Voici l'énumération des espèces britanniques qu'on peut rattacher à cette catégorie :

Nebria Gyllenhali Sch.
Miscodera arctica Payk.
Harpalus quadripunctatus Dej.
Pterostichus aethiops Panz. (1).
Amara Quenseli Sch.
Agonum ericeti Panz.
Bembidium bipunctatum L.
Patrobus septentrionis Dej.
Cymindis vaporariorum L. (carte n° 7).
Deronectes assimilis Payk.
D. griseostriatus Deg.
Hydroporus septentrionalis Gyll.

1. Par opposition à l'élément finno-sibérien, lequel a fourni à la faune de la Scandinavie un apport considérable, mais plus spécialement concentré dans le Finmark, la Laponie suédoise et dans le Massif des Alpes Scandinaves.

2. Cf. K. Holdhaus, *Kritisches Verzeichniss der boreoalpinen Tierformen (Glazialrelikte) der mittel-und südeuropäischen Hochgebirge*, in *Ann. Naturhist. Hofmus. Wien*, XXVI, 1912, pp. 399-440.

H. Sanmarki Sahlb. (2).
H. Davisii Curt.
H. atriceps Crotch.
H. longicornis Sharp.
Agabus congener Payk.
A. Solieri Aubé.
Dytiscus lapponicus Gyllh.
Cyphelophorus tuberculatus Gyllh.
Oxypoda islandica Kr. (*edinensis* Sh.).
O. tirolensis Gredl. (*rupicola* Rye) (1).
O. soror Thoms.
Ocyusa incrassata Rey.
Atheta clavipes Sharp.
A. tibialis Heer (1).
A. islandica Kr. (*eremita* Rye).
A. spatula Fauv.
A. curtipennis Sharp.
A. incognita Sharp.
A. valida Kr.
Autalia puncticollis Sharp.
Gymnusa variegata Kiesw.
Bryoporus rugipennis Pand.
B. castaneus Hardy (1).
Quedionuchus laevigatus Gyll.
Quedius fulvicollis Steph.
Philonthus puella Nordm.
Gabrius appendiculatus Sharp.
Anthophagus alpinus Payk.
Lesteva monticola Kiesw. (*Sharpi* Rey).
L. luctuosa Fauv. (1).
Olophrum assimile Payk.
Arpedium brachypterum Grav.
Eudectus Giraudi Redt. (*Whitei* Sharp.).
Phyllodrepa linearis Zett.
Agathidium rhinoceros Sharp. (1).
Adalia bothnica Payk.
Dendrophagus crenatus Payk.
Aegialia sabuleti Payk.
Hypnoïdus maritimus Curt (1).
H. riparius F.
Elater nigrinus Payk.
Athous undulatus Deg.
Cis punctulatus Gyll.
Pachyta sexmaculata L.
Zeugophora Turneri Pow. (1).
Chrysomela crassicornis Hell.
Xylita lævigata Hell.
Zilora ferruginea Payk.
Pytho depressus L.
Pyrochroa pectinicornis L.
Otiorrhynchus morio F (1).
O. auropunctatus Gyll. (1) (3).
O. arcticus F. (*monticola* Germ., *blandus* Brit. L.) (carte n° 8).
O. scaber L. (*septentrionis* Herbst.).
O. rugifrons Gyll.
O. nodosus Herbst (*maurus* Gyll.).
O. desertus Rosenh. (*muscorum* Bris.).
Tropiphorus tomentosus Marsh.
T. obtusus Bonsd.
Barynotus Schönherri Zett. (*squamosus* Fairm.).
Sitona lineellus Gyll.
Hypera elongata Payk.
Erirhinus aethiops F.
Ips acuminatus Gyllh.

(75 espèces, dont 34 existent en Irlande).

On trouvera plus loin deux cartes représentant ce type de dispersion. L'une (n° 7, *Cymindis vaporariorum* L.) est celle d'une espèce dont la dispersion, sauf quelques lacunes (Karpathes et majeure partie du Massif central français), paraît principalement influencée par les facteurs climatériques. L'autre (n° 8, *Otiorrhynchus arcticus* F.) est d'un type assez particulier. Dans les régions boréales, c'est un insecte franchement occidental. Dans les montagnes européennes, il est limité aux massifs antérieurs au soulèvement des Alpes. Dans leur ensemble, les insectes boréo-alpins de la faune britannique appartiennent au faisceau occidental des éléments de même nature de la faune européenne. La plupart des espèces arctiques conservées en Auvergne et dans les Pyrénées sont les mêmes qui se retrouvent en Ecosse (4).

1. Non signalé en Scandinavie.
2. La race britannique, *H. Sanmarki fluviatilis* Steph. (*rivalis* ± auct.), également très répandue dans le Nord-Ouest de la France, prospère dans des climats très différents de ceux que recherche le type boréo-alpin. Elle abonde par endroits dans les petits cours d'eau dont la température reste fraîche même au fort de l'été.
3. Irlande, Cévennes, Pyrénées.
4. Les exceptions sont peu nombreuses. Néanmoins on trouve en Auvergne les es-

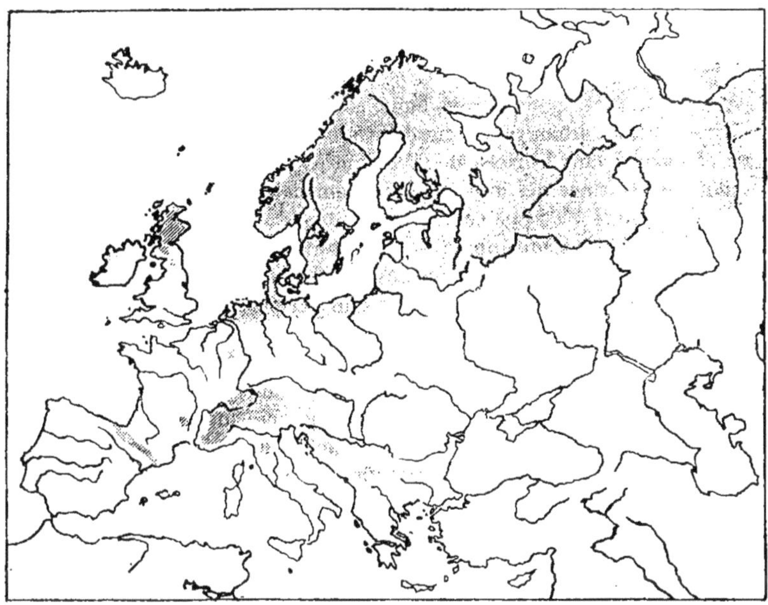

7. — *Cymindis vaporariorum* L.

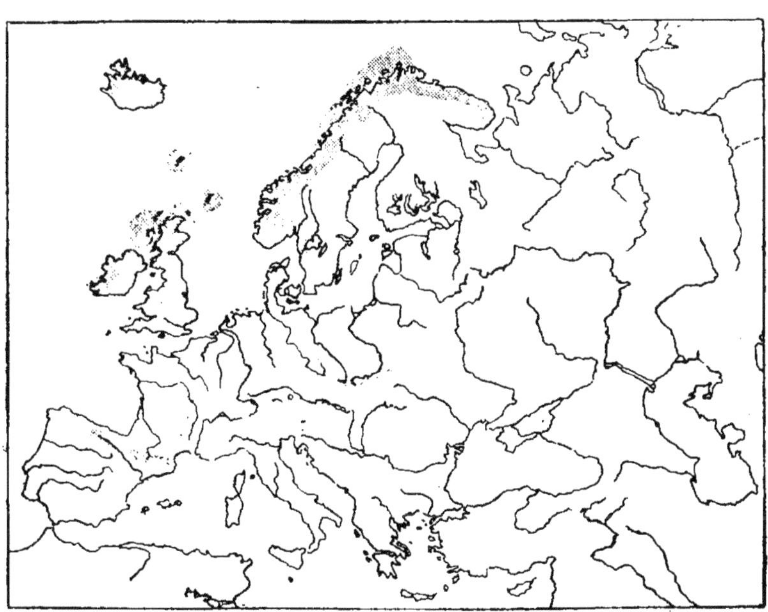

8 — *Otiorrhynchus arcticus* Richt.

GROUPE D.

Ainsi qu'il a été indiqué plus haut, ce groupe comprend les espèces dont la dispersion se prolonge jusque dans les îles de la Méditerranée occidentale et jusque dans le Nord de l'Afrique. J'en donnerai deux listes. La première est formée des insectes spécialement eurythermes, dont l'aire de dispersion, dans l'Europe continentale, dépasse largement le 50e degré de latitude, et même fréquemment le 60e. Ceux de la seconde, plus spécialement occidentaux et méditerranéens, se tiennent en général, sur le continent, en deçà du 50e degé de latitude, sauf parfois sur une étroite bande littorale longeant la Mer du Nord.

Les Coléoptères appartenant au groupe D constituent un élément très important de la faune britannique. Ils sont beaucoup trop nombreux pour qu'il soit possible d'en donner ici une énumération complète. En principe, je bornerai cette énumération à la famille des *Carabidae*, et à quelques espèces particulièrement caractéristiques.

SUBDIVISION 1.

Carabus granulatus L.
Cicindela campestris L.
Calosoma inquisitor L.
Notiophilus biguttatus F.
Nebria brevicollis F.
Dyschirius salinus Schaum, *globosus* Herbst.
Panagaeus crux-major L.
Badister sodalis Duft.
Chlaenius tristis Schall., *vestitus* Payk.
Acupalpus exiguus Dej., *dorsalis* F., *brunnipes* Sturm., *meridianus* L., *consputus* Duft.
Bradycellus harpalinus Dej.
Harpalus ruficornis F., *æneus* F., *rubripes* Duft., *melancholicus* Dej., *rufimanus* Marsh., *anxius* F., *serripes* Sch.
Anisodactylus binotatus W.
Lagarus vernalis Panz.
Pterostichus cupreus L., *versicolor* Sturm., *niger* Schall., *nigrita* F., *gracilis* Dej., *minor* Gyll.
Amara ovata F., *eurynota* Panz., *familiaris* Duft., *lucida* Duft., *æ nea* Deg., *equestris* Duft. *(patricia*, Br. L.).
Calathus cisteloides Panz., *melanocephalus* L., *mollis* Marsh.
Synuchus nivalis Panz.
Agonum dorsale Müll., *ruficorne* Goeze (carte n° 9), *marginatum* L., *mœstum* Duft., *puellum* Dej.

pèces scandinaves suivantes qui manquent en Ecosse : *Quedius unicolor* Kiesw., *Neuraphes coronatus* J. Sahlb., *Epuraea laeviuscula* Gyll., *Corymbites affinis* Payk., *Brachyta interrogationis* L., *Polydrosus fasciatus* Stroem. Dans les Pyrénées on peut noter *Cœlambus Marklini* Gyll. et *Helophorus glacialis* Villa.

Ocys rufescens Guér.
Bembidion obtusum Sturm., *assimile* Gyll., *octomaculatum* Gœze (*Sturmi*, Br. L.), *minimum* F., *Illigeri* Net. (*quadriguttatum*, Br. L.), *bipunctatum* L., *varium* Ol.
Tachypus flavipes L.
Ochthephilus (*Perileptus*) *areolatus* Cr.
Thalassophilus longicornis Sturm.
Masoreus Wetterhalli Gyll.
Lebia cyanocephala L
Demetrias atricapillus L.
Dromius linearis Ol., *quadrimaculatus* L.
Hydroporus obsoletus Aubé:
Etc.

(64 espèces, dont 7 seulement absentes en Irlande.)

Subdivision 2.

Notiophilus substriatus Wat., *quadripunctatus* Dej. (carte n° 10), *rufipes* Curt.
Leistus spinibarbis F., *fulvibarbis* Dej.
Eurynebria complanata L.
Licinus granulatus Dej. (carte n° 11).
Stenolophus teutonus Schr., *skrimshiranus* Steph., *mixtùs* Herbst., *elegans* Dej.
Bradycellus distinctus Dej., *verbasci* Duft.
Ophonus sabulicola Panz., *rotundicollis* Fairm., *cordatus* Duft.
Harpalus tenebrosus Dej. *attenuatus* Steph., *cupreus* Dej., *neglectus* Dej.
Dichirotrichus obsoletus Dej.
Scybalicus oblongiusculus Dej.
Anisodactylus paeciloïdes Steph.
Platyderus ruficollis Marsh.
Amara fusca Dej., *anthobia* Villa.
Laemostenus complanatus Dej. (1).
Agonum Dahli Borre (*atratum*, Br. L.).
Tachys Focki Humm., *parvulus* Dej., *scutellaris* Germ., *bistriatus* Duft.
Bembidion lunulatum Fourcr. (*riparium*, Br. L.), *iricolor* Bed., *fumigatum* Duft., *normannum* Dej., *decorum* Panz., *nitidulum* Marsh., *punctulatum* Drap., *ephippium*, Marsh.
Cillenus lateralis Sam.
Pagonus chalceus Marsh., *littoralis* Duft., *luridipennis* Germ.
Cymindis axillaris F.
Lebia turcica F.
Aetophorus imperialis Germ.
Dromius meridionalis Dej. (carte n° 12), *quadrisignatus* Dej., *insignis* Luc. (*vectensis* Daws.), *melanocephalus* Dej.
Polystichus vittatus Brull.
Drypta dentata Rossi.
Brachynus crepitans L.

soit, pour les Carabidae, 55 espèces, dont 36 font défaut en Irlande.

1. Peut-être importé par le commerce maritime.

On peut citer en outre, parmi beaucoup d'autres, les espèces suivantes :

Haliphus mucronatus Steph.
Laccophilus variegatus Germ.
Hydrovatus clypealis Sharp.
Bidessus minutissimus Germ.
Hydroporus flavipes Ol., *lepidus* Ol., (carte n° 19), *xanthopus* Drap. (*lituratus*, Br. L.).
Agabus biguttatus Ol., *brunneus* F.
Gyrinus urinator Ill.
Anacæna bipustulata Marsh.
Limnebius nitidus Marsh.
Empleurus rufipes Bosc (*rugosus*, Br. L.), *porculus* Bed.
Helophorus intermedius Muls.
Hydrochus nitidicollis Muls.
Ochthebius Lejolisi Muls., *punctatus* Curt.
Hydraena testacea Curt.
Xenusa uvida Er.
Quedius semiaeneus Er., *Schatzmayri* Grid., *plancus* Er. (*Kraatzi*, Br. L.), *aetolicus* Kr. (*subapicalis* Joy).
Cafius cicatricosus Er. (carte n° 13).
Lathrobium angustatum Lac.
Medon pocofer Peyr.
Stenus Guynemeri Duv., *aerosus* Er., *ossium* Steph., *glacialis* Heer, *canescens* Rosenh.
Ancyrophorus aureus Fauv.
Pseudopsis sulcata Newm.
Corylophus sublaevipennis Duv.
Olibrus particeps Muls.
Micropeplus staphylinoïdes Marsh.
Syncalypta striatopunctata Steff.
Limnius variabilis Steph. (*rivularis* Ros.).
Aphodius constans Duft.
Psammodius porcicollis Ill.
Ptinus germanus F. (*palliatus* Perr.).
Chryromela Banksi F.
Paraphaedon tumidulus Germ.
Aphtona nigriceps Redt.
Crepidodera impressa F.
Helops cœruleus L., *pallidus* Curt.
Phlœotrya Vaudoueri Muls.
Anaspis ruficollis F. (*Régimbarti* Schilsky), *Garneysi* Fowl.
Anthicus constrictus Curt. (*Lameyi* Mars.).
Apion laevicolle Kirb., *hydrolapathi* Kirb., *curtulum* Desbr. (*Curtisi*, Br. L.), *Schönherri* Bohm.
Ceuthorrhynchus verrucatus Chevr.
Ceuthorrhynchidius Dawsoni Ch. Bris.

(60 espèces, dont 24 font défaut en Irlande.)

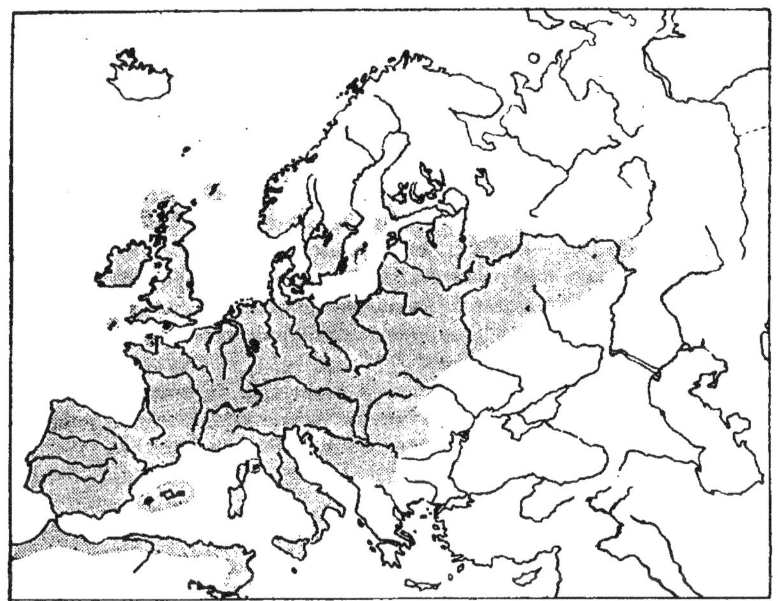

9. — *Agonum ruficorne* Gœze.

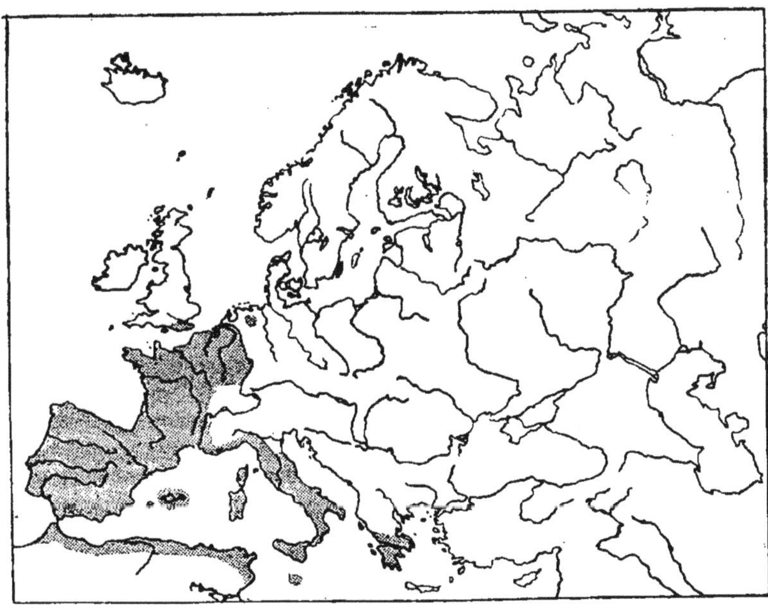

10 — *Notiophilus quadripunctatus* Dej.

A l'heure actuelle, on ne peut encore considérer les lacunes de la faune irlandaise comme absolument définitives, attendu que certains comtés de l'île sont encore à peine explorés. Cette réserve faite, il faut reconnaître que, dans le groupe D, la proportion des espèces manquant en Irlande n'est pas très considérable. Elle est particulièrement faible dans la 1re subdivision, c'est-à-dire parmi les espèces eurythermes à dispersion étendue, qui vont de l'Afrique du Nord et de la Corso-Sardaigne à la Norvège et à la Finlande.

En parcourant les listes du groupe D, on a l'impression de se trouver en présence d'un vieux fond occidental de la faune européenne, dont la fixation spécifique et la mise en place sont, dans la plupart des cas, antérieures à la dislocation de la Tyrrhénide, à la formation du détroit Bétique et à la séparation définitive de l'Irlande.

On peut également remarquer que la proportion du groupe D est particulièrement importante dans la faune de l'île de Wight, très riche en éléments méridionaux et presque dépourvue de relicta boréaux.

Groupe E.

Avec le groupe E, il s'agit toujours d'espèces appartenant surtout à l'Europe Occidentale. Mais aucun d'eux ne traverse la Méditerranée et n'habite, ni l'Afrique mineure, ni les îles du bassin occidental.

Une première subdivision comprendra les espèces à dispersion étendue, c'est-à-dire celles qui ont pu coloniser l'Allemagne du Nord, une partie de la Scandinavie, souvent les Etats Baltiques et la Finlande, quelquefois la Russie et la Sibérie jusqu'à l'Iénisséi. Elle est particulièrement nombreuse dans la faune britannique, dont elle constitue un des éléments les plus importants. Je devrai, comme pour le groupe D, en borner l'énumération aux *Cicindelidae* et *Carabidae*.

La seconde subdivision est composée des espèces qui, actuellement, n'existent en dehors des Iles Britanniques que sous des latitudes inférieures à celle de ces îles. Elle est, je l'avoue, quelque peu disparate ; à côté les uns des autres y figurent des éléments proprement armoricains et lusitaniens, par exemple les *Cathormiocerus*, et des insectes de l'Europe Centrale, tels que l'*Helophorus arvernicus*.

Voici une liste approximative de la 1re subdivision, réduite aux deux premières familles de Coléoptères :

Cicindela silvatica L., *hybrida* L., *maritima* Dej.
Cychrus rostratus L.
Carabus catenulatus Scop., *nemoralis* Müll., *glabratus* Payk., *monilis* F., *arvensis* Herbst.
Notiophilus aquaticus L., *palustris* Duft., *hypocrita* Spaeth.
Leistus ferrugineus L. (carte n° 14), *rufescens* F.
Nebria degenerata Schauf. (carte n° 5).

Blethisa multipunctata L.
Elaphrus riparius L., *cupreus* Duft., *uliginosus* F.
Lorocera pilicornis F.
Clivina fossor L., *collaris* Herbst.
Dyschirius arenosus Steph. (*thoracicus*, Brit. L.,) *obscurus* Gyll., *impunctipennis* Daws. *politus* Dej.
Broscus cephalotes L.
Badister unipustulatus Bon.
Licinus depressus Payk.
Panagaeus bipustulatus F.
Chlaenius nigricornis F.
Oodes helopioides F.
Acupalpus flavicollis Sturm.
Bradycellus placidus Gyllh., *Sharpi* Joy, *collaris* Payk., *similis* Dej.
Ophonus punctatulus Duft.
Anisodactylus nemorivagus Duft.
Harpalus calceatus Sturm., *discoïdeus* F., *latus* L., *picipennis* Duft.
Dichirotrichus pubescens Payk.
Zabrus gibbus F.
Stomis pumicatus Panz.
Pterostichus lepidus F., *oblongopunctatus* F., *angustatus* Ill., *aterrimus* Payk., *vulgaris* L., *anthracinus* Ill., *strenuus* Panz., *diligens* Sturm.
Abax ater L. (*striola*, Br. L.).
Amara fulva Deg., *apricaria* Payk., *consularis* Duft., *aulica* Panz., *convexiuscula* Marsh., *infima* Duft., *rufocincta* Dej,. *bifrons* Gyllh., *similata* Gyllh., *tibialis* Gyll., *lunicollis* Schiœdte, *curta* Dej., *spreta* Dej., *communis* Panz., *convexior* Steph., *plejeba* Gyllh.
Calathus micropterus Duft., *fuscus* F., *flavipes* Fourcr., *piceus* Marsh.
Agonum assimile Payk., *oblongum* F., *sexpunctatum* L., *Mülleri* Herbst., *viduum* Panz., *versutum* Gyllh., *micans* Nic., *fuliginosum* Panz., *gracile* Gyll., *piceum* L.
Oliothopus rotundatus Payk.
Ocys quinquestriatus Gyll.
Bembidion guttula F., *Mannerheimi* Sahlb., *biguttatum* F., *Clarki* Daws., *articulatum* Panz., *doris* Panz., *Schüppeli* Dej., *gilvipes* Sturm., *lampros* Herbst. *nigricorne* Gyll., *tibiale* Duft., *Stephensi* Crotch., *stomoïdes* Dej., *quadripustulatum* Dej., *quadrimaculatum* L., *lunatum* Duft., *femoratum* Sturm., *rupestre* L. (*Bruxellense*, Brit. L.), *saxatile* Gyll., *ustulatum* L. (*littorale*, Brit. L.), *pallidipenne* Illig., *prasinum* Duft., *dentellum* Thunb (*flammulatum*, Br. L.), *adustum* Sch., *obliquum* Sturm., *paludosum* Panz., *argenteolum* Ahr.
Tachypus pallipes Duft.
Aepus marinus Strœm.
Trechoblemus micros Herbst.
Lasiotrechus discus F.
Trechus fulvus Dej. (*lapidosus* Daws.), *rubens* F., *obtusus* Er.
Epaphius secalis Payk.
Patrobus excavatus Payk.
Odacantha melanura L.

Lebia chlorocephala Hoffm., *crux-minor* L.
Demetrias monostigma Sam.
Dromius agilis F., *quadrinotatus* Panz., *sigma* Rossi.
Microlestes minutulus Goeze, *maurus* Sturm.
Metabletus foveola Gyll., *truncatellus* L.

(133 espèces, dont 30 manquent en Irlande.)

La liste de la 2e subdivision, c'est-à-dire des insectes britanniques d'origine plus méridionale, mais qui ne traversent pas la Méditerranée, est au contraire fort courte. Elle se compose pour une bonne part d'espèces à dispersion restreinte, d'origine nettement ibéro-armoricaine ; un tiers environ est propre au littoral.

Carabus intricatus L.
Pterostichus madidus F. (carte n° 15), *inaequalis* Marsh.
Limnaeum nigropiceum Marsh.
Aepopsis Robini Lab.
Bembidion concinnum Steph. (*dorsuarium* Bed.), *biguttatum* F., *atrocæruleum* Steph., *monticola* Sturm., *fluviatile* Dej.
Lionychus quadrillum Duft.
Helophorus arvernicus Muls.
Cafius fucicola Curt. (carte n° 16), *xantholoma* subsp. *variolosus* Sharp.
Arena Octavii Fauv.
Xenusa brevitarsis Butl.
Stenus Kiesenwetteri Rosenh., *solutus* Er.
Bathysciola Wollastoni Jans.
Heterocerus maritimus Guér. (*britannicus* Kuw.)
Geotrupes pyrenaeus Charp.
Anthicus angustatus Curt.
Hylophilus brevicornis Perr.
Cathormiocerus socius Bohm., *maritimus* Rye (carte n° 17), *attiphilus* Ch. Bris., *myrmecophilus* Seidl.
Cœnopsis Waltoni Bohm., *fissirostris* Bach. (carte n° 18).
Barypithes duplicatus Keys., *sulcifrons* Bohm.
Atactogenus exaratus Marsh (carte n° 20).

(32 espèces, dont 14 manquent en Irlande.)

La première subdivision du groupe E, comme la première du groupe D, se compose d'espèces à dispersion étendue (en général de la Scandinavie et de la Finlande aux Pyrénées, aux Alpes, et parfois au littoral nord de la Méditerranée. La plupart sont très eurythermes, et paraissent traverser actuellement une période de prospérité. A elles seules, ces deux subdivisions forment le bloc principal de la faune irlandaise. Le fond de cette faune est donc composé des espèces les plus vivaces et les plus abondantes de l'Europe occidentale. Cette particularité explique l'impression de pauvreté et le manque d'intérêt qu'éprouve un entomologiste français en parcourant

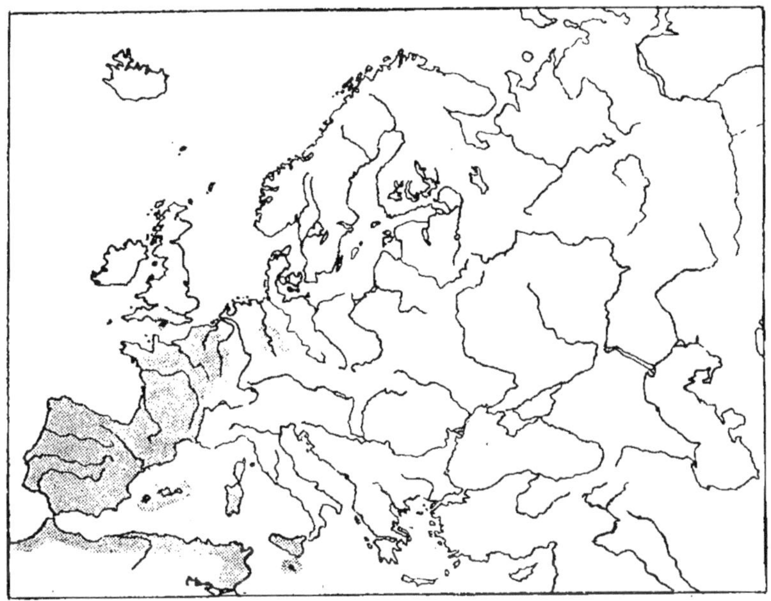

11. — *Licinus punctatulus* F. (*granulatus* Dej.).

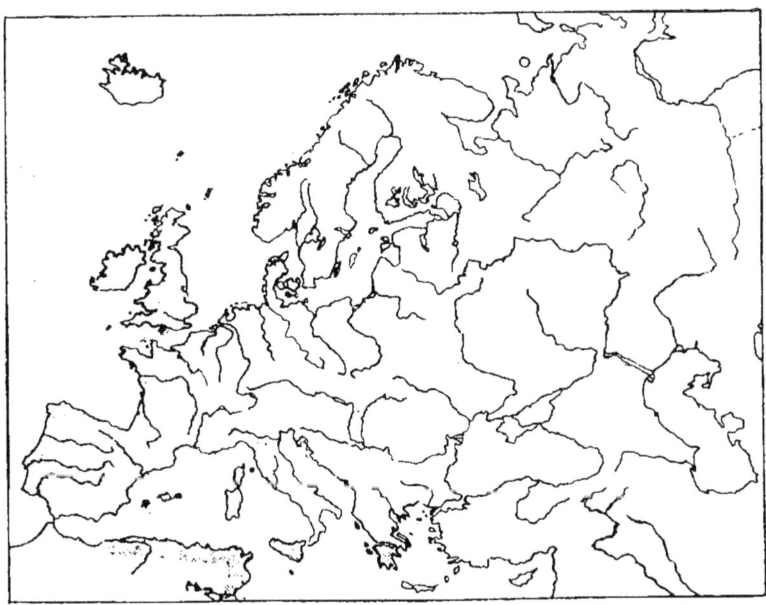

12. — *Dromius meridionalis* Dej.

le Catalogue des Coléoptères de l'Irlande. A part quelques insectes boréaux, il se réduit à une énumération partielle des insectes les plus communs dans nos provinces du Nord-Ouest.

Ceci donne à penser que, beaucoup plus encore que la faune de la Grande-Bretagne, la faune irlandaise a dû traverser assez récemment des épreuves très sévères, qui ont, pour ainsi dire, « criblé » l'effectif des insectes en faisant disparaître la plupart des espèces dépourvues d'adaptabilité et de résistance. Nous reviendrons plus loin sur le même sujet.

IV

Nous avons constaté plus haut, à propos des Coléoptères d'origine boréale, que beaucoup d'entre eux s'étaient conservés, dans les Iles Britanniques et notamment en Irlande, sous des climats beaucoup moins rigoureux que celui de leur zone normale d'habitat sur le continent.

En étudiant de près la dispersion des espèces d'origine méridionale, nous observerons un phénomène analogue. Un certain nombre d'entre elles ont actuellement des aires disjointes, présentant un rejet plus ou moins accentué entre leurs stations britanniques et leurs stations continentales. Introuvables dans le Nord de la France, elles ne commencent à réapparaître qu'à partir d'une latitude beaucoup plus basse.

D'autres, en revanche, occupent de part et d'autre de la Manche des stations d'une symétrie remarquable.

Comme exemple des espèces à aire disjointe, je citerai les suivantes (1) :

Eurynebria complanata L.— Wexford,Sud du Pays de Galles,Nord du Devonshire. — Deux stations isolées autour de Morlaix ; dispersion continue sur le littoral d'Audierne à la frontière espagnole.

Bembidion ephippium Marsh. — Côte Sud et I. de Wight. — A partir de la baie du Morbihan.

Dromius insignis Luc. (*vectensis* Daws.). — Côte Sud et I. de Wight. — Finistère (Sud) ; Morbihan, cours inf. de la Loire, Gironde, Provence, Portugal, Algérie.

Xenusa uvida Er. — Nord du Kent (!), Wight, etc. — En France, seulement à partir de l'île de Ré (2).

Quedius plancus Er. — Surrey. — Basses-Pyrénées, Lozère, Drôme, etc.

Q. aetolicus Kr. (*subapicalis* Joy). — New Forest. — Loire-Inférieure, Lot-et-Garonne.

Cafius cicatricosus Er. — Wight. — Ile de Ré et côte méditerranéenne.

1. En général, je n'indiquerai ci-dessus que la limite Nord de la dispersion en France. La plupart des espèces en question habitent tout le bassin occidental de la Méditerranée, y compris les îles Tyrrhéniennes et souvent le Nord de l'Afrique.

2. Existe en Hollande à l'île de Terschelling.

Medon pocofer Peyr. — Côte Sud, Ile de Wight. — Morbihan, Landes, côte méditerranéenne.

Olibrus particeps Muls. — Côte Sud-Ouest. — A partir de la Loire-Inférieure.

Corticaria corsica H. Bris. — Windsor Forest. — Basses-Pyrénées, Alpes-Maritimes, Corse, Sardaigne, Algérie.

Aphodius constans Duft. — Irlande, Ecosse, Angleterre. — Très rare en France en dehors du Midi ; n'est connu du bassin de la Seine que par une seule capture à Fontainebleau.

Psammobius porcicollis Ill. — Littoral de Cornwall (Sud). — Côtes de l'Océan à partir du Morbihan.

Ptinus germanus F. — Comtés du Sud. — Bourbonnais et région du chêne-liège en Gascogne et en Provence.

Chrysomela Banksi F. — Ecosse, Ouest et Sud de l'Angleterre, Irlande. — Cotentin (très rare), Bretagne, littoral de l'Océan, région de la Basse-Loire, etc.

Paraphaedon tumidulus Germ. — Presque toutes les Iles Britanniques. — Collines de Normandie (douteux) ; Auvergne, Pyrénées-Orientales, Galice, régions montagneuses de l'Algérie.

Crepidodera impressa F. — Hampshire (littoral). — Côte méditerranéenne.

Helops cœruleus L. — Sud de la Grande-Bretagne, au Nord au moins jusqu'à Swansea et Colchester. — En France, au Sud d'une ligne La Rochelle-Albi-Lyon-Genève.

Anthicus angustatus Curt. — Littoral de l'Ile de Wight et des comtés du Sud-Ouest. — Littoral Sud du Finistère, Le Croisic, Noirmoutiers.

A. constrictus Curt. (*Lameyi* Mars., *humilis* (pars. auct.). — Wexford, côte occidentale de la Grande-Bretagne à partir de la Clyde, toute la côte Sud jusqu'au Suffolk. — Cherbourg, Brest, toute la Côte de l'Océan, Languedoc et Provence.

Ceuthorrhynchus verrucatus Chevr. — Côte Sud de Cornwall. — Vendée et littoral méditerranéen.

Barypithes sulcifrons Bohm. — Presque toutes les Iles Britanniques, sauf le Sud-Est. — Morbihan, Loire-Inférieure, Cévennes du Languedoc, Pyrénées Orientales.

En revanche, voici quelques exemples d'espèces dont les stations sont remarquablement symétriques de part et d'autre de la Manche :

Carabus intricatus L. — Très rare et localisé dans le Devonshire. — Assez répandu dans tout le Nord de la France et spécialement dans le Nord de la Bretagne, où, par suite du climat frais, on le trouve souvent en terrain découvert (falaises, marais).

Harpalus cupreus Dej. — Localisé dans l'île de Wight. — Région de la Basse-Seine, Cotentin.

Agabus brunneus F. — Du Dorset au Cap Lizzard. — Du Calvados au Finistère, Orne, Mayenne, etc.

Hydrochus nitidicollis Muls. — Environs d'Exeter. — Environs de Granville, collines de l'Orne.

Quedius auricomus Kiesw. — Assez répandu dans les régions accidentées des Iles Britanniques, surtout vers l'Ouest ; au Sud, jusqu'au Devonshire et au Cornwall. — Calvados, falaises et collines du Finistère, toutes les régions montagneuses de la France.

Stenus Guynemeri Duv. — Assez répandu dans les mêmes régions que le précédent, mais à l'Est jusqu'au Kent. — Embouchure de la Seine, falaises du Finistère, toutes les régions montagneuses de la France.

Scaphium immaculatam Ol. — Kent. — Boulonnais, etc.

Liparus germanus L. — Kent. — Boulonnais, etç.

Il n'est pas toujours facile d'apprécier les causes de la conservation ou du recul de nos insectes. Mais la difficulté est particulièrement accusée en ce qui concerne les espèces lignicoles.

Au cours de l'époque historique, l'Angleterre et la partie maritime du Nord-Ouest de la France (1) ont été presque entièrement dépouillées de leur manteau forestier primitif, dont il ne reste que des témoins disséminés de place en place. En outre, l'exploitation rationnelle et régulière, en faisant disparaître peu à peu les arbres maladifs ou morts sur pied, a contribué pour une grande part à l'extinction de la faune ancienne. Dans la plupart des Etats de l'Europe, de nombreuses espèces ne se maintiennent plus qu'à grand' peine dans quelques boisements privilégiés (propriétés de la Couronne, parcs nationaux, réserves artistiques, forêts de montagne inexploitables ou hors de coupe, etc.).

De ce fait, on ne peut pas toujours reconnaître si le recul d'un insecte lignicole est dû à l'action de l'Homme ou à des causes naturelles. Cependant, d'après le peu que je sais de la faune de certaines vieilles forêts anglaises, notamment le Parc de Windsor et la New Forest, il y aurait encore là quelques particularités intéressantes à signaler. On rencontre encore au Sud de la Tamise, dans les boisements anciens à prédominance de Chêne, une série d'espèces qui sont à peu près introuvables au Nord-Ouest de Paris, et qui ne commencent à devenir un peu abondantes qu'à Fontainebleau et dans les forêts du Bourbonnais, du Berry et de la Basse-Loire. Tels sont *Phlœotrya Vaudoueri* Muls. (2), *Hypulus quercinus* Quens., *Tetratoma Desmaresti* Latr., *Elater nigerrimus* Lac., *Megapenthes lugens* Redt., *tibialis* Lac., *Gnorimus variabilis* L., *Cis coluber* Ab., etc. On peut y joindre les espèces mentionnées plus haut : *Helops cœruleus* L., *Ptinus germanus* F., *Corticaria corsica* H. Bris., dont le recul, en France, a été encore plus lointain, et la majeure partie des commensaux du *Lasius brunneus*, retrouvés dernièrement à Windsor avec tant de sagacité par M. H. Donisthorpe.

Chose curieuse, on ne constate pas le même recul parmi la biocénose du Hêtre dans le Nord de la France. Des insectes tels que : *Leptura scutellata* F., *Cerylon fagi* Ch. Bris., *Orchesia undulata* Kr., *Triplax aenea* Schall., ont encore en Normandie des stations symétriques de celles qu'ils occupent en Angleterre. En outre, à Compiègne, par exemple, l'association du Hêtre s'est enrichie d'un grand nombre de représentants venus de l'Europe Centrale et qui n'ont pas atteint l'Angleterre (*Porthmidius austriacus* Schrank,

1. Exception faite de la région de la Basse-Seine entre Rouen et la mer, où s'est conservé un massif forestier actuellement morcelé, mais d'une étendue totale importante.
2. Généralement étiqueté « *rufipes* » dans les collections britanniques.

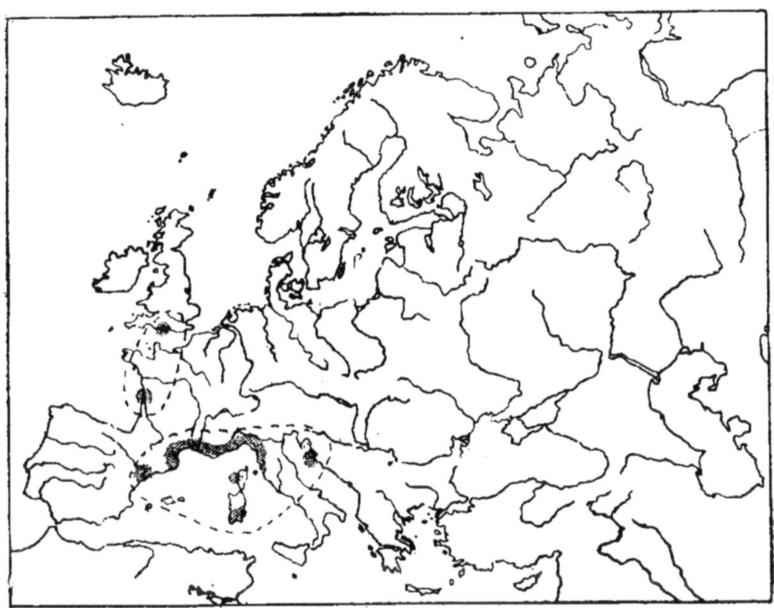

13 – *Cafius cicatricosus* Er.

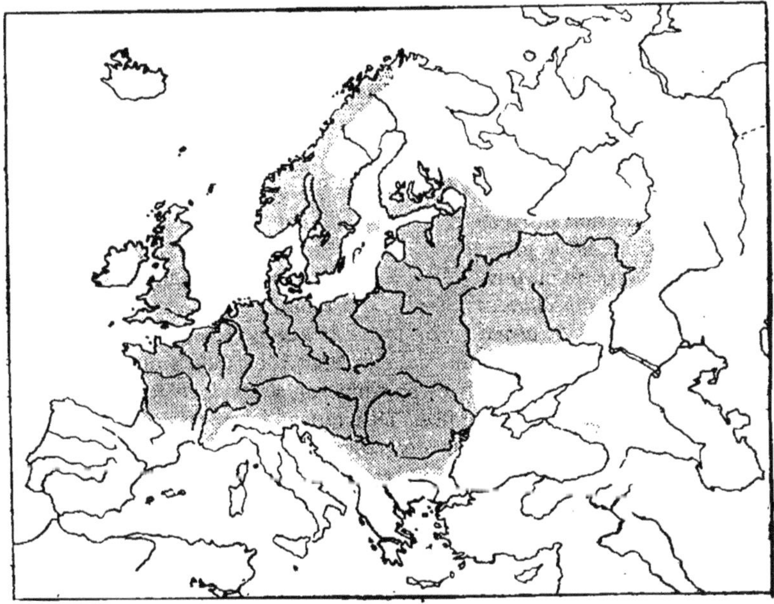

14. – *Leistus ferrugineus* L.

Limoniscus violaceus Müll., *Cyllodes ater* Herbst., *Agathidium discoideum* Er., *Phyllodrepa melanocephala* F., etc.).

V

LES ILES BRITANNIQUES POSSÈDENT-ELLES DES COLÉOPTÈRES ENDÉMIQUES ?

A. Russell Wallace a consacré tout un chapitre (1) aux particularités de la faune et de la flore des Iles Britanniques. En ce qui concerne l'ordre des Coléoptères, les renseignements donnés par le grand naturaliste anglais ne sont que de seconde main, et les conclusions qui s'en dégagent demandent une remise au point.

On sait qu'il existe plusieurs catégories d'endémiques, ou tout au moins deux principales : les endémiques autochtones et les endémiques par extinction. Les premiers, à la suite d'une isolation prolongée, ont acquis sur place de nouveaux caractères et leur indépendance morphologique à titres de races ou d'espèces locales. Les autres sont d'origine quelconque et pas forcément autochtone. Conservés à la faveur de l'évolution retardée des faunes insulaires, ils ont peu à peu disparu du reste du globe, en dehors du territoire privilégié qui reste leur dernier et exclusif habitat.

Les Iles Britanniques abritent sans nul doute quelques formes endémiques de Coléoptères appartenant à chacun de ces deux groupes.

Mais, en ce qui concerne les endémiques autochtones, l'isolation de l'Angleterre et même celle de l'Irlande ne sont pas assez anciennes pour avoir permis aux Coléoptères d'atteindre un stade d'évolution dépassant celui de la variation intra-spécifique. Même dans les groupes dont la capacité de variation est la plus étendue et la plus actuelle, on ne relève aucune forme endémique qu'on puisse être tenté de séparer comme espèce.

Le *Phosphuga subrotundata* Steph., qui remplace en Irlande et dans l'île de Man le vulgaire *P. atrata* L. de la faune européenne, a acquis un facies très spécial qui frappe les moins avertis. Mais il ne diffère du type que par des caractères très superficiels et personne ne songe à en faire une espèce. Certains des *Carabus* britanniques, notamment les *C. violaceus* L. et *catenulatus* Scop., appartiennent à des races légèrement différentes de celles du continent, et ont déjà acquis un certain degré d'individualité. Mais ces formes locales viennent tout naturellement se ranger à la suite de celles des pays les plus voisins.

Dans son ensemble, la faune britannique et surtout celle de l'Irlande

1. *Island Life*, éd. III, pp. 331-372.

offrent une tendance marquée à la production d'aberrations mélaniques qui ont un véritable caractère local. Telles sont, par exemple, la variété *nitidicollis* Steph. du *Tachyporus obtusus* L., la variété noire (*infuscatum* Halb.) du *Paramecosoma melanocephalum* Herbst, qui remplace le type en Irlande, etc. C'est également en Irlande qu'on a découvert les individus entièrement noirs du *Rhizobius litura* F., et la curieuse mutation *Devillei* Bul. de l'*Hydrothassa marginella* L., chez laquelle le limbe orangé devient d'un noir absolu.

Quoi qu'il en soit, ces variations de faible importance n'ont qu'un intérêt limité. Il n'en est pas de même des endémiques par conservation.

Comme nous l'avons vu un peu plus haut, certaines des espèces britanniques sont actuellement séparées de leur plus prochaine station continentale par des distances assez considérables. Ceci laisse à penser que, sur le continent, elles sont en recul manifeste. D'autres, en dehors de leurs localités anglaises, ne sont connues que d'un très petit nombre de points. Les *Cathormiocerus*, par exemple, sont limités, soit comme les *C. maritimus* et *attiphilus*, à la côte de Cornwall et au plateau armoricain, soit, comme le *C. socius*, à l'île de Wight et à l'Espagne centrale. D'autres insectes (*Cantharis Darwiniana* Sharp., *Homalium rugulipenne* Rye), n'habitent, en dehors du littoral britannique, que quelques points des côtes de la mer du Nord. Le *Mesites Tardyi* Curt. a été longtemps considéré comme propre aux Iles Britanniques, jusqu'à ce qu'il ait été retrouvé tout dernièrement à Stavanger. Rien n'empêche d'admettre que, dans quelques cas limites, la réduction de l'aire continentale ait pu être complète. Dans la faune insulaire, l'insecte est alors devenu endémique par extinction.

De fait, il semble bien exister quelques insectes qu'on ne peut voir que d'Angleterre, et que, malgré toutes les recherches, il a été impossible de retrouver dans les stations similaires du continent.

Le *Cryptophagus ruficornis* Steph. est un petit insecte que les entomologistes les plus savants de l'Europe Centrale ont toujours ignoré ou méconnu, mais dont la validité, pour qui le connaît, ne souffre aucune discussion. En Angleterre, où il est assez répandu, on le trouve à peu près exclusivement sur les troncs des frênes envahis par un Champignon parasite, le *Daldinia concentrica*. Dans le Boulonnais, où existe la même habitude de tailler en têtards les frênes des prairies, les souches ainsi mutilées sont fréquemment attaquées par le *Daldinia*. Ce cryptogame abrite à peu près la même faunule qu'en Angleterre, et notamment le *Diphyllus lunatus*. Mais jamais jusqu'ici on n'a pu trouver le *Cryptophagus ruficornis*.

On n'a jamais non plus trouvé chez nous le *Stenichnus Poweri* Fowl., malgré la similitude des conditions entre les collines crayeuses du Nord de la France et celles des Southdowns et du Hertfordshire.

Deux espèces décrites d'Ecosse, *Brachygluta cotus* Saulcy et *Anaspis septentrionalis* Champ., restent jusqu'ici étrangères à la faune du continent européen.

Les *Thinobius* sont des Staphylinides de très petite taille, qui vivent à l'état normal dans les atterrissements de sable ou de gravier fin au bord des torrents ou des rivières rapides. Dans les dernières années, il en a été découvert trois nouveaux dans le Nord de la Grande-Bretagne : un très caractérisé du Cumberland (*bicolor* Newb.), et deux du comté d'Inverness (1).

Quelques années avant la guerre, le Professeur Nicholson, de Londres, capturait dans les grands marécages du Wicken Fen un Staphylinide du genre *Olophrum*, qui fut reconnu nouveau et décrit par M. H. Donisthorpe sous le nom de *Nicholsoni*, et retrouvé par la suite en un certain nombre d'individus identiques. Le Professeur Scheerpeltz, de Vienne, qui a consacré à ce genre une étude magistrale, confirme la validité de l'espèce et atteste qu'il n'a pas pu en retrouver d'autres représentants parmi les quelques milliers d'*Olophrum* de toutes provenances qu'il a pu examiner. Il semble bien que l'*Olophrum Nicholsoni* ait disparu de l'Europe continentale depuis la formation de la Mer du Nord, et ne se soit conservé qu'en Angleterre.

Dans ce qui précède, je n'ai fait allusion qu'aux insectes sur lesquels j'ai été en mesure d'avoir une opinion personnelle. Si on fait appel à la littératre scientifique, on constate que, des nombreuses espèces décrites des Iles Britanniques depuis 1860 environ, on peut faire plusieurs parts, par exemple les suivantes :

1° Espèces décrites sur un seul individu, non retrouvées depuis, et sur lesquelles il est difficile de porter un jugement. Elles sont d'ailleurs peu nombreuses.

2° Espèces déjà ramenées à d'autres décrites antérieurement. C'est, comme partout ailleurs, le déchet inévitable de toute œuvre descriptive.

3° Espèces d'origine exotique probable, bien qu'elles n'aient pas été retrouvées jusqu'ici dans les autres continents.

L'intensité et la variété du commerce extérieur de la Grande-Bretagne prédispose ce pays, plus qu'aucun autre, à l'importation et à l'acclimatation d'espèces d'origine étrangère. Il est extrêmement probable que le *Cis bilamellatus* Fowl., ainsi que son auteur le supposait lui-même, est d'origine exotique. Il en est très probablement de même du *Trogolinus anglicanus* Sharp.

4° Espèces d'une validité incontestable, mais retrouvées peu à peu en dehors des Iles Britanniques. C'est le groupe le plus nombreux. J'ai contribué pour ma part à en inscrire une trentaine au moins dans la liste des Coléoptères de France.

5° Espèces également bien caractérisées, mais non encore identifiées dans le reste de l'Europe. Ce contingent est destiné à diminuer peu à peu,

1. Parmi les *Thinobius* récemment décrits, trois sont originaires des Alpes de Styrie et de la Haute-Autriche. Si je suis bien informé, un *Thinobius* nouveau, mais encore inédit,aurait été rapporté du Finmark norvégien par la Mission d'exploration scientifique de 1924. Avec les espèces britanniques, cela ferait sept *Thinobius* (sur une trentaine existant en Europe) découverts en moins de vingt ans dans les contrées qui ont été recouvertes par la glaciation pléistocène.

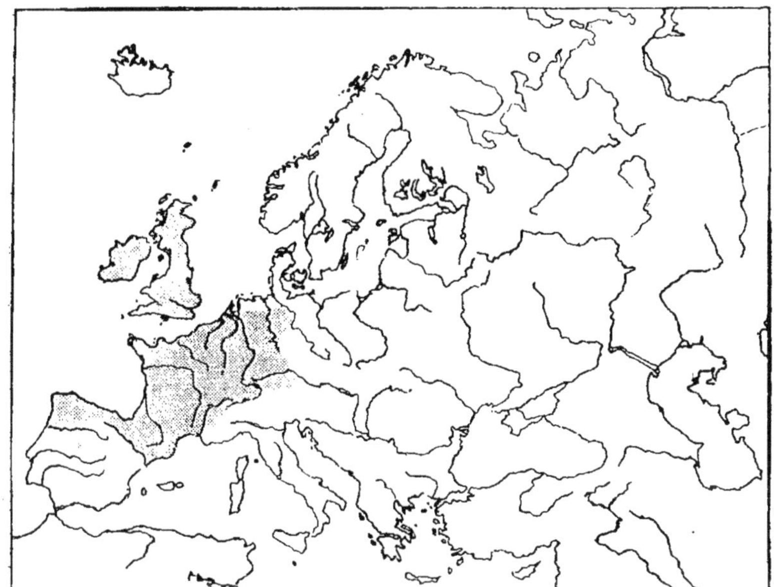

15. — *Pterostichus madidus* F. (*sensu lato*).

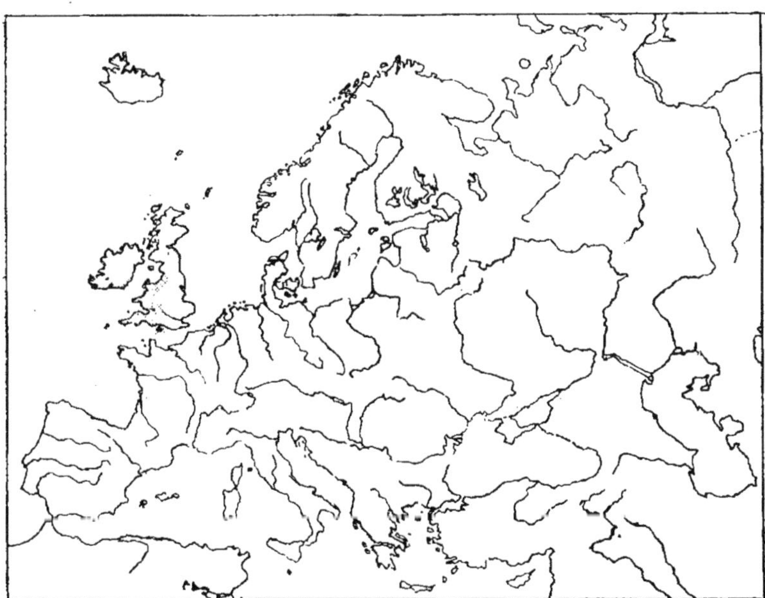

16. — *Cafius fucicola* Curt.

au fur et à mesure que les grandes collections continentales seront révisées en tenant compte des travaux parus en Angleterre. Mais il est permis de supposer qu'il restera, dans cette catégorie, un résidu peu nombreux d'espèces réellement endémiques.

Les naturalistes qui ont traité de la faune et de la flore irlandaises ont insisté sur le petit groupe de plantes et d'animaux qui leur donne un caractère original, et empêche la faune en question d'être considérée « as merely an impoverished British one » (1).

Au point de vue spécial des Coléoptères, on n'a malheureusement rien à signaler de semblable.

Le nombre des Coléoptères observés en Irlande et inconnus dans le reste des Iles Britanniques est excessivement réduit.

Le Catalogue Johnson et Halbert (1902) en énumère cinq :

1. *Dyschirius obscurus* Gyllh.
2. *Bembidion argenteolum* Ahr.
3. *Xantholinus laevigatus* Jacobs. (*cribripennis* Fauv.).
4. *Stenus palposus* Zett.
5. *Otiorrhynchus auropunctatus* Gyll.

Quelques-uns ont été indiqués depuis :

6. *Micropeplus caelatus* Er. (Joy et Tomlin, *Ent. Monthly Mag.*, 1914, p. 214).
7. *Cassida sanguinosa* Suffr. (E. Bullock, *ibid.*, 1928, p. 102).

Le n° 1 a été retrouvé sur le littoral du Norfolk, le n° 3 en Ecosse, le n° 5 dans le Devonshire (G. C. Champion, in litt.). Les quatre autres ont dans l'Europe continentale une dispersion étendue et seront tôt ou tard repris en Angleterre.

L'île de Wight, dont la faune est remarquablement riche (plus de 1.700 espèces recensées, c'est-à-dire à peu près autant que l'Irlande) abrite trois espèces qui n'ont pas été trouvées ailleurs dans les Iles Britanniques : *Harpalus cupreus* Dej., *Cathormiocerus socius* Bohm. et *Baris analis* Ol.

A la suite d'une capture isolée dans une des îles Scilly, on a incorporé à la British List l'*Abax parallelus* Duft. Mais c'est bien la dernière place où on aurait pu soupçonner cette espèce sylvatique hercynienne. Jusqu'à plus ample informé, je crois que l'hypothèse la moins invraisemblable est celle d'une introduction accidentelle, par exemple dans la terre importée pour les cultures florales (2).

En revanche, le Dr N. H. Joy a rapporté des Iles Scilly un petit *Dasytes* à dimorphisme sexuel peu accentué, qui ne me paraît pas différer du *D. nigroæneus* Küst., actuellement confiné surtout dans les îles de la Méditerranée (Corse, Sardaigne, Sicile), et absolument inconnu dans la France continentale.

1. Cf. R. F. Scharff, *European Animals*, p. 26 sqq.
2. L'*Agonum gracilipes* Duft. a de même été trouvé à deux reprises en plein Paris, amené dans le jardin du Luxembourg avec de la terre de bruyères provenant des Hautes-Fagnes de Belgique.

Le petit îlot de Lundy, situé au Nord des côtes du Devonshire, a fourn deux Coléoptères spéciaux fort intéressants, vivant tous deux aux dépens des *Brassica* sauvages sur les sables littoraux. L'un est une race à pattes rousses (*pallipes* Crotch) du vulgaire *Ceuthorrhynchus contractus* Marsh. L'autre est une Altise, *Psylliodes luridipennis* Kutsch., laquelle, d'après FAUVEL, a été retrouvée à Noirmoutiers. Elle est actuellement considérée comme une race très robuste du *P. hospes* Woll. (Canaries, Madère, Barbarie jusqu'au Hoggar, Espagne, Banyuls).

VI

LES LACUNES DE LA FAUNE BRITANNIQUE

« C'est par là que de loups l'Angleterre est déserte. »

(LA FONTAINE, *Fables*, X, 5.)

Lorsqu'un entomologiste expérimenté franchit le Pas-de-Calais, ou simplement lorsqu'il examine avec soin les collections britanniques ou les listes locales de comtés, il y a une chose qui ne manque pas de le frapper. C'est l'absence complète d'un certain nombre d'insectes répandus et abondants sur le continent, et auxquels, à ce qu'il semble, les conditions édaphiques et climatiques du Royaume-Uni devraient parfaitement convenir.

C'est ainsi qu'en Angleterre les feuilles de l'*Alnus glutinosa* ne sont pas comme chez nous, déchiquetées par la larve de la Galéruque de l'Aune (*Agelastica alni* L.). Bien plus, paraît-il, à plusieurs reprises, des individus vivants de cette espèce ont été entraînés par le vent d'Est sur la plage de Deal, et pourtant l'espèce n'a jamais pu s'acclimater en Angleterre. On ne peut pourtant imaginer un insecte aussi indifférent au climat, puisqu'il est actuellement répandu de la Finlande à la Sicile et du Finistère à la Sibérie, de même que son arbre nourricier, lequel, à part l'humidité, n'a aucune exigence particulière.

J'insiste sur le fait que, si les conditions de toutes sortes qui constituent le « biotope » d'une espèce ne sont pas représentées dans les Iles Britanniques, on ne saurait considérer son absence comme une lacune. Il n'y a pas lieu de s'étonner, par exemple, de ne pas trouver de l'autre côté de la Manche les associations spéciales de la forêt d'Epicéas ou de la forêt de Sapins, puisque ces arbres n'y croissent pas à l'état spontané.

La même réserve s'impose en ce qui concerne les Coléoptères qui exigent pour leurs transformations un certain minimum de chaleur estivale. Tels sont les Buprestides, certaines tribus de Cérambycides et en général les genres qui se développent dans les branches et tiges sèches (1). Ces familles sont très mal représentées en Angleterre. Mais elles ne le sont pas mieux dans la zone maritime du Nord-Ouest de la France, dont le climat d'été trop frais ne leur convient pas davantage. Ce ne sont donc pas là de véritables lacunes.

De même qu'il y a deux catégories d'endémiques, il y a deux espèces de lacunes : les lacunes par disparition et les lacunes par isolation.

Qu'il y ait dans la faune britannique des lacunes par disparition progressive, la chose ne fait aucun doute. A l'heure actuelle, certaines espèces, par ailleurs assez abondantes et régulièrement réparties sur le continent, ne sont connues en Angleterre que d'une localité unique et classique. Tels sont *Oberca oculata* L. et *Lixus paraplecticus* L., cantonnés dans le Wicken Fen, *Chrysomela cerealis*, spéciale aux pentes du Snowdon, etc. Je laisse de côté les espèces de la New Forest, lesquelles, comme leurs congénères de Fontainebleau et de Compiègne, doivent leur survivance au caractère de la forêt aménagée en réserve artistique. Mais leurs jours à tous sont comptés, et le temps n'est peut-être pas loin où leur sort suivra celui du *Chrysophanus dispar*, magnifique papillon dont l'extinction, survenue au cours du XIXe siècle, est un fait scientifiquement observé.

Toute autre est la nature des lacunes par isolation. Il s'agit ici d'insectes dont l'extension vers l'ouest a eu lieu postérieurement à la formation de la Mer du Nord et de la Manche, et dont les migrations ont trouvé un obstacle infranchissable. En se limitant à celles qui atteignent les provinces maritimes de la France entre la frontière belge et l'embouchure de la Seine, on peut les évaluer à deux cents environ. Ce nombre représente 6 % de la faune britannique et 5 % de celle du Nord-Ouest de la France.

Parmi les espèces ainsi définies, la moitié, ou à peu près, forme un groupe d'une réelle homogénéité. Elles ont comme caractéristiques communes d'appartenir à la faune des forêts, et d'avoir leur centre de dispersion quelque part dans l'Europe Centrale, dans le voisinage de la Bohême ou du plateau Souabe. A travers le boisement morcelé de l'époque actuelle, on les suit comme à la trace depuis la Thuringe et la Franconie (*Hercynia silva* des anciens) jusqu'à la région ardennaise (*Arduena silva* de César). Là, les itinéraires bifurquent. Une branche occupe la série des forêts de la rive gauche de l'Oise (*Cuisia silva* de l'époque gauloise, aujourd'hui Saint-Gobain, Coucy, Laigue, Compiègne, Villers-Cotterets, etc.). L'autre, jalonnée par les forêts de Mormal, Trélon, Raismes, pousse jusqu'à la mer par les forêts de Guines, Boulogne, Hardelot, Hesdin, jusqu'à la forêt de Crécy et aux petits bois du plateau crayeux de Picardie, et de là jusqu'au massif important de la Basse-Seine. Certaines espèces pénètrent très loin vers

1. Il en est tout autrement des insectes qui vivent dans les souches, troncs et branches humides, décomposés et attaqués par les Cryptogames. Dans ce cas, l'élévation de la température est freinée par l'évaporation de l'eau d'imbibition, et le facteur climatérique a beaucoup moins d'action. La faune britannique a conservé, par exemple, un contingent très normal de *Melandryidae*.

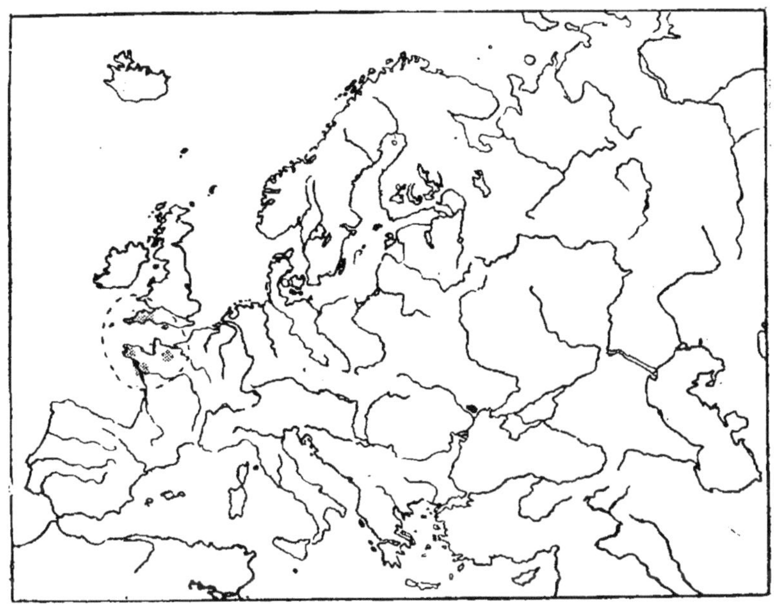

17. – Cathormiocerus maritimus Rye.

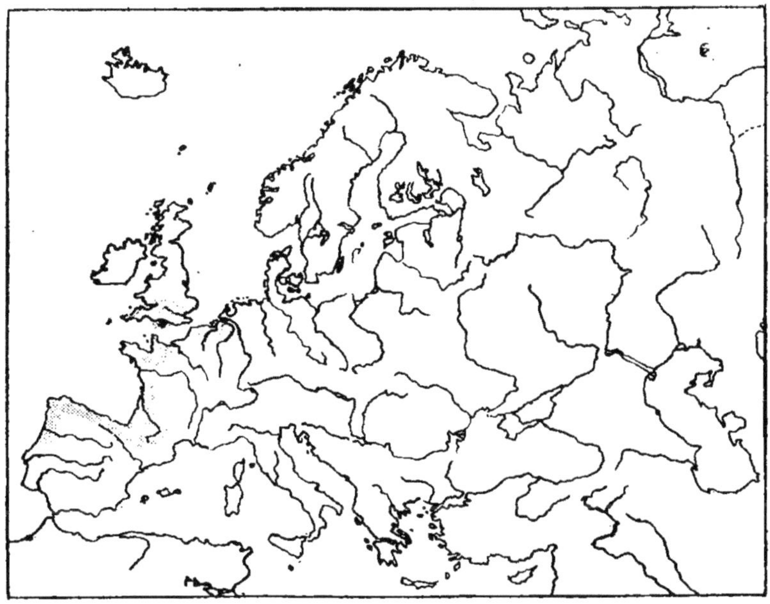

18. Cœnopsis fissirostris Bach

l'Ouest en Normandie, en Bretagne et jusqu'à la Loire (par exemple *Cychrus attenuatus*, *Orescius Hoffmannseggi*, *Oxyporus maxillosus*, etc.) pourvu qu'elles y trouvent leurs conditions d'existence, dont l'essentiel est en général la futaie ancienne avec prédominance du Hêtre.

C'est par les liaisons indiquées plus haut qu'on peut expliquer la présence dans le Boulonnais d'insectes subalpins tels que *Timarcha metallica* Laich. (forêt de Guines) et *Chrysomela purpurascens* Germ. (forêt d'Hardelot).

Comme exemples de ce groupement, on peut citer les Coléoptères suivants, tous très caractérisés et très connus, et dont l'absence en Angleterre paraît bien établie :

Carabus auronitens F.
Trichotichnus laevicollis Duft.
Pterostichus interstinctus Sturm.
Abax parallelus Duft., *ovalis* Duft. (carte n° 21).
Molops piceus Panz.
Anthobium abdominale Grav.
Stenus fossulatus Er., *aterrimus* Er.
Pæderus brevipennis Lac.
Philonthus cyanipennis F.
Staphylinus fossor Scop., *chalcocephalus* F.
Atheta nigrifrons Er.
Euconnus pubicollis Müll.
Catops neglectus Kr.
Malthinus glabellus Kiesw.
Heterhelus scutellaris Heer.
Dasycerus sulcatus Brongn.
Corymbites purpureus Poda.
Cardiophorus gramineus Scop.
Cerophytum elateroïdes Latr. (carte n° 22).
Xestobium plumbeum Illig.
Œdemera subulata Ol.
Lagria atripes Muls.
Leptura Aethiops Poda.
Cryptocephalus marginatus F.
Timarcha metallica Laich.
Chrysomela purpurascens Germ.
Oreina tristis F.
Phyllobius betulae F., *sinuatus* F.
Polydrosus coruscus Germ.
Acalles lemur Germ.
Orchestes rufitarsis Germ.
Magdalis flavicornis Gyllh.
Rhynchites Bacchus L.
Aphodius pictus Sturm.

Aucune de ces espèces ne passe la Méditerranée, ni même en général les Pyrénées. Sauf de rares exceptions, qui concernent exclusivement les îles Danoises, elles font défaut dans toutes les faunes insulaires européennes.

A côté de ces espèces hercyniennes très typiques, un petit groupe accessoire, moins nombreux, a encore son centre de dispersion dans l'Europe Centrale tout en s'étendant davantage vers le Nord sur la partie méridionale de la Scandinavie, les Etats Baltiques et la Finlande :

Tachyporus ruficollis Gyllh.
Catops picipes F.
Cantharis violacea Payk.
Sphærosoma pilosum Panz.
Limonius pilosus Leske (nigripes Gyllh.).

Passons à un autre type de lacunes. Ce sont les espèces dont la dispersion actuelle est figurée par une longue bande allant de la Sibérie ou de l'Asie Centrale jusqu'aux rives continentales de l'Atlantique. Suivant les espèces, elle part de la zone des forêts et des marécages boréaux ou subboréaux, ou de la zone des steppes.

En voici un certain nombre d'exemples :

Calosoma auropunctatum Herbst.
Carabus cancellatus Ill., *convexus* F., *coriaceus* L. (1).
Dyschirius chalceus Er.
Licinus cassideus F.
Ophonus calceatus F.
Harpalus psittaceus Fourcr., *modestus* Dej.
Diachromus germanus L.
Amara montivaga Sturm.
Pœcilus punctulatus Schall.
Agonum viridicupreum Gœze.
Agabus neglectus Er., *subtilis* Er.
Hydroporus notatus Sturm., *elongatulus* Sturm., *fuscipennis* Sturm.
Aulonogyrus concinnus Klug.
Anthophagus abbreviatus F. (carte nº 1).
Euryalea decumana Er.
Necrophorus sepultor Charp.
Silpha carinata Herbst. (carte nº 23).
Hister ventralis Mars.
Saprinus conjungens Payk.
Absidia rufotestacea Letzn.
Cerylon deplanatum Gyll.
Anthrenus pimpinellae F., *scrophulariae* L.
Nosodendron fasciculare Ol.
Heterocerus hispidulus Kiesw.
Cytilus auricomus Duft.
Ectinus aterrimus L. (carte nº 24).
Œdemera flavescens L.
Melosoma saliceti Weise., *collare* L.
Minyops carinatus L.
Baris cœrulescens Scop.
Balanobius crux F.
Elleschus scanicus Payk.
Dorytomus dorsalis L.
Trox hispidus Pontopp.
Polyphylla fullo L.
Valgus hemipterus L.
Leucoscelis funesta Poda.

Ce groupe est encore en majeure partie continental, mais d'une manière moins exclusive que le groupe hercynien.

Quant aux lacunes par disparition progressive, elles sont très difficiles à mettre en évidence. La seule preuve irréfutable de la présence antérieure d'une espèce serait fournie par des débris fossiles dont l'identification ne prêterait à aucun doute. Je ne crois pas qu'aucun cas de ce genre ait été signalé (2).

Dans la généralité des cas, nous n'avons à notre disposition que les cartes représentant la dispersion actuelle des espèces. Nous en sommes réduits aux conjectures les plus hypothétiques. J'en indique deux ci-dessous à titre de curiosité.

L'*Agonum lugens* Duft. est un insecte qui fréquente les grands marécages des plaines sous les climats les plus variés. On le suit depuis l'Oural et la Transcaucasie jusque dans toute l'Europe tempérée occidentale, les îles Baléares et Tyrrhéniennes, et sur certains points de la côte africaine (Larache, La Calle, Tunis). Au Nord, il atteint les îles danoises, la Scanie et

1. Le *C. cancellatus* est très probablement originaire des steppes russo-asiatiques. Il a été trouvé dans la Campine belge, à l'intérieur de dépôts attribués au quaternaire inférieur, c'est-à-dire à une époque où la mer ne séparait pas encore la Flandre de l'Angleterre. Il n'est pas du tout invraisemblable qu'il ait existé autrefois sur le sol britannique et s'y soit éteint récemment.

Les *C. convexus* et *coriaceus* paraissent avoir rayonné autour de l'Egéide.

Le *C. auratus* L., autre lacune de la faune anglaise, n'est pas un animal d'origine orientale, mais vraisemblablement un autochthone du sol français.

2. Mrs. E. M. Reid a trouvé dans les dépôts anciens du Comté de Durham (pliocène moyen) les débris de deux espèces éteintes, voisines chacune d'une espèce hercynienne actuelle. L'une est un *Trechus*, étroitement apparenté à l'*amplicollis* ; l'autre un *Abax* proche parent du *carinata*. Il n'existe plus en Angleterre aucune forme vivante dérivant de ces prototypes. — Cf. P. Lesne in *Bull. Mus. Hist. nat. Paris*, 1920, p. 388.

l'île de Gottland. Qu'il soit d'origine ponto-caspienne ou tyrrhénidienne, il est parfaitement probable qu'il ait pu à un moment donné atteindre l'Angleterre, dont la liaison avec le continent s'est maintenue beaucoup plus tard que certains des « ponts » qu'il a dû utiliser.

Le *Lygistopterus sanguineus* L., joli petit malacoderme d'un rouge vermillon, est un des insectes les plus largement répandus dans la faune paléarctique. Il atteint, d'une part le Pacifique dans le Nord de la Chine et la province maritime de la Sibérie, d'autre part l'Atlantique dans une bonne partie de l'Europe. En latitude, il s'étend depuis la Petchora moyenne et la Laponie suédoise jusqu'à la Crète, à la Sicile et aux forêts de Kabylie ; il est commun en Corse et en Sardaigne. Cependant il fait défaut, non seulement dans les Iles Britanniques, mais aussi, semble-t-il, dans la Norvège occidentale et, sur une profondeur d'au moins cinquante kilomètres à partir de la mer, dans la zone maritime du Nord-Ouest de la France. Etant donné sa dispersion presque universelle, on est fondé à supposer qu'il a autrefois habité ces régions, et qu'il en a disparu à une époque assez récente, à la suite de la dégradation du climat occasionnée par l'ouverture de la mer du Nord et de la Manche.

VII

LES LACUNES SPÉCIALES DE LA FAUNE IRLANDAISE

Il n'est pas sans intérêt de consacrer un peu d'attention aux lacunes spéciales de la faune irlandaise, considérée par rapport à celle de la Grande-Bretagne.

Dans l'ordre des Coléoptères comme dans toutes les classes d'animaux, ces lacunes sont nombreuses et fort remarquables. Eu égard à sa superficie, l'Irlande est étonnamment pauvre. On n'y a encore signalé qu'environ 1750 espèces, c'est-à-dire à peine davantage que dans l'île de Wight, et environ la moitié de la faune de la Grande-Bretagne.

L'absence en Irlande de beaucoup des espèces anglaises n'a rien de surprenant. On ne doit pas s'attendre à y trouver, ni la plupart des espèces calcicoles, ni celles dont l'existence est liée à celle de plantes ou d'animaux qui n'existent pas en Irlande (1).

Mais même en tenant compte de ces particularités, il reste encore bon nombre de manquants dont l'absence est inexplicable par des facteurs purement écologiques.

1. Par exemple les commensaux de la Taupe, la majeure partie des espèces pinicoles, etc.

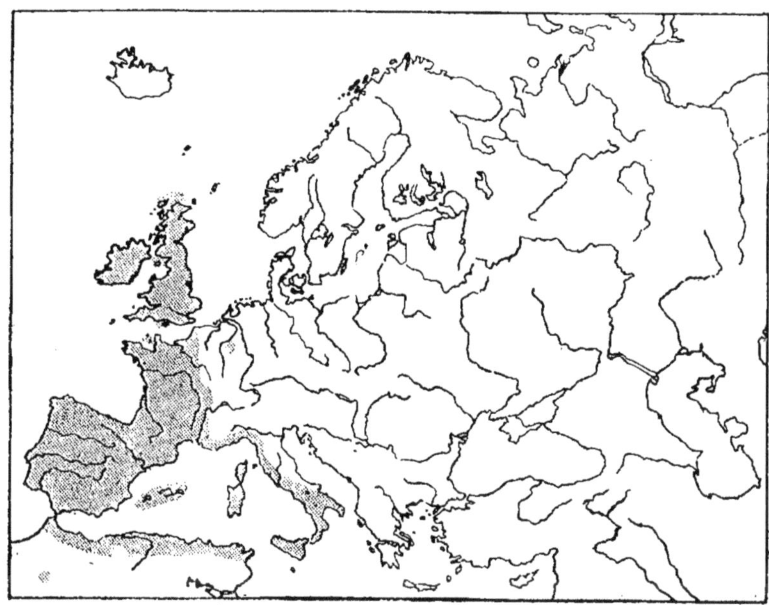

19. — *Hydroporus lepidus* Ol.

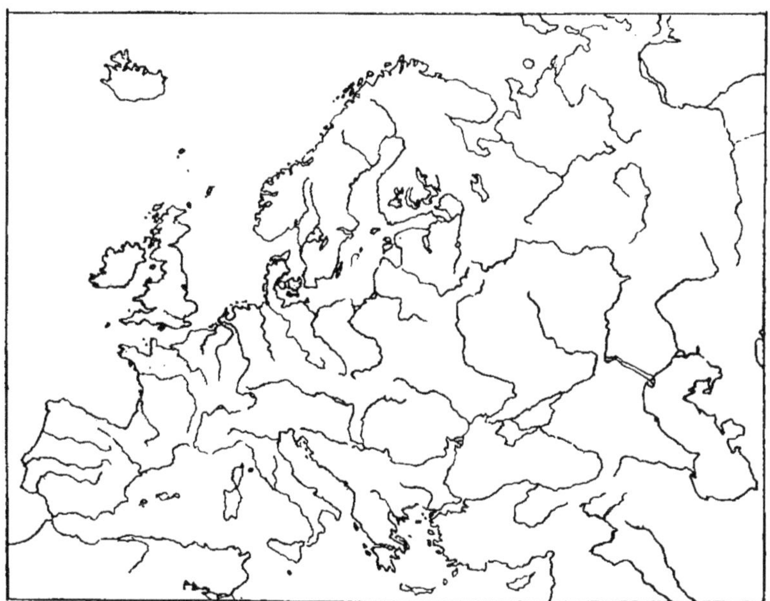

20. — *Atactogenus exaratus* Marsh.

Une autre remarque qui s'impose, c'est que la composition de la faune irlandaise, au point de vue de la proportion des diverses familles, n'est pas absolument identique à celle de la Grande Bretagne. Elle présente déjà une tendance marquée à la prépondérance numérique des Coléoptères carnivores et attachés au sol (*Carabidae*, *Staphylinidae*, etc.) par rapport à ceux qui se développent au détriment des végétaux et spécialement de leurs parties aériennes. Elle se rapproche déjà un peu des faunes du type boréal (1), dans lesquelles les grands genres phytophages (*Apion*, *Ceuthorrhynchus*, *Longitarsus*, etc.) sont réduits à un petit nombre de représentants, tandis que les grands genres adéphages (*Bembidion*, *Hydroporus*, *Atheta*, etc.) comptent encore de nombreuses espèces.

Observons encore, avec Halbert et Johnson (2), que, sur le petit contingent d'espèces incontestablement méridionales qui se sont maintenues en Irlande, la plupart sont propres au littoral. Les autres sont celles qui, dans la Grande-Bretagne, s'avancent au Nord jusqu'en Ecosse (*Leistus montanus* Steph., *fulvibarbis* Dej., *Chrysomela Banksi* F., *Paraphaedon tumidulus* Germ., *Barypithes sulcifrons* Bohm., etc.).

On a l'impression que la faune irlandaise a eu à subir des épreuves sensiblement plus dures que celle de l'Angleterre, et surtout qu'elle a eu, postérieurement, de moindres facilités de repeuplement. Nous verrons plus loin s'il est possible de formuler quelques hypothèses plus précises à ce sujet.

VIII

QUE SAVONS-NOUS DE LA GENÈSE DE LA FAUNE BRITANNIQUE ?

Pas grand' chose encore, ou tout au moins, ainsi qu'on va le voir, pas grand' chose de réellement acquis et d'indiscutable.

Pendant des périodes très anciennes et très prolongées, appartenant à l'ère secondaire, la partie occidentale des Iles Britanniques, unie au Massif Armoricain, a dû former une grande île séparée des autres terres émergées sur l'emplacement de l'Europe. D'après les cartes de reconstitution du géologue viennois Penck, cette configuration existait encore à l'Oligocène.

Or beaucoup de nos genres actuels de Coléoptères existaient déjà à cette époque, ainsi que le démontre l'examen des nombreux fossiles découverts

1. Cf. T. Helliesen, *Stavanger Amts Coleoptera*, in *Stav. Mus. Aarshefte*, passim : J. Sparre-Schneider, *Maalselvens Koleopterfauna* ; J. Sahlberg, *Catalogus Coleopterorum Fenniae* ; B. Poppius in Römer et Schaudinn, *Fauna arctica* (*Coleoptera*, etc.).

2. *A List of the Beetles of Ireland*, in *Proceedings of the Royal Irish Academy*, 1900-1902.

dans l'ambre de la Baltique. Cependant ces conditions sont beaucoup trop anciennes pour avoir exercé sur la faune britannique une influence encore aisément discernable actuellement. Tout ce qu'on peut supposer sans invraisemblance, c'est que les ancêtres directs de certaines espèces particulièrement caractéristiques de l'Occident européen ont pu prendre naissance à la faveur de cette isolation. La phase insulaire a été assez prolongée pour permettre la formation d'une faune propre, et même peut-être d'une faune littorale différente de celle qui prospérait de l'autre côté du bras de mer oligocène (1). Aujourd'hui encore, certains Coléoptères maritimes (*Cafius fucicola*, *C. xantholoma* subsp. *variolosus*, *Xenusa brevipes*, *Anthicus angustatus*, *Cathormiocerus maritimus*, *attiphilus*, etc.) ont une dispersion qui coïncide plus ou moins avec le contour de l'ancienne île britanno-armoricaine (2).

L'examen d'une carte d'Europe donnant les profondeurs maritimes nous amène à une autre constatation. Les courbes d'égale profondeur dessinent nettement un plateau continental étendu, vestige d'une ancienne ligne de rivage tout autre que celle d'aujourd'hui. Bien que cette question ait été traitée de main de maître par A. Russell Wallace, on m'excusera d'y revenir brièvement ci-dessous.

Supposons les terres actuelles soulevées de mille mètres, ce qui revient à prendre comme ligne de rivage l'isobathe — 1000. L'Atlantique Nord se trouve coupé en deux par une terre de liaison qui relie l'Islande à l'Ecosse en englobant les Fär-öer. Le territoire actuel des îles Britanniques, complètement réuni à l'Europe, fait partie d'une immense protubérance qui, à l'Ouest, s'avance jusqu'aux hauts fonds du Porcupine Bank. Au large, à la place du banc de Rockall, surgit une île montagneuse presque aussi grande que l'Irlande actuelle.

Nous ne savons pas exactement à quelle période géologique correspond cet état de la carte de l'Europe occidentale. Cependant les géologues admettent que l' « isthme islandais » existait encore au moins pendant le Pliocène inférieur (3).

A partir de ce premier stade, une élévation relativement faible du niveau des mers fait apparaître deux modifications importantes. L'isthme se rompt en deux endroits, au Nord et au Sud des Fär-öer, laissant l'archipel actuel sous la forme d'une grande île principale, flanquée d'îlots plus petits. En outre la mer envahit peu à peu un vaste et profond estuaire qui, longeant la côte Sud-Ouest de la Norvège, s'infléchit dans le Skager-Rack.

1. On sait qu'en Europe tout au moins, les insectes des sables et graviers maritimes forment un bloc très homogène, où la tendance à la localisation est peu accentuée. En Corse et en Sardaigne, où les montagnes de l'intérieur recèlent de si nombreux endémiques, la faune des plages est à peu près la même que celle de toute la Méditerranée occidentale.

2. L'importance de la faune littorale et maritime dans les questions de biogéographie a été très bien mise en lumière par Geo. B. Walsh (*The origin and distribution of the Coast Coleoptera of the British Isles*, in *Ent. Monthly Mag.*, 1926).

3. E. de Martonne, *Traité de Géographie physique*, éd. III, p. 604.

N'en retenons qu'une chose, c'est que les coupures maritimes entre les Shetland et les Fär-öer d'une part, la Norvège méridionale d'autre part, sont assez anciennes, et bien probablement antérieures au début des phénomènes glaciaires. Si donc nous constatons entre ces régions des analogies fauniques difficilement explicables par la dissémination accidentelle, il faut en faire remonter l'origine jusqu'à cette époque relativement reculée.

Au moment où le niveau des continents n'est plus surélevé que de deux cents mètres en moyenne par rapport à leur position actuelle, la physionomie du littoral atlantique de l'Europe est toujours à peu près la même. Une ligne de rivage continue, enveloppant largement l'Ecosse et l'Irlande, les relie sans grandes sinuosités à une Armorique dilatée, et de là au Golfe de Gascogne.

Il va de soi que le processus n'a pas eu l'allure simple d'un abaissement graduel et uniforme des continents. Il y a eu certainement, d'une part des affaissements et des relèvements locaux, d'autre part des oscillations du niveau de la mer, avec zones alternativement inondées et exondées (1). Mais, à défaut de renseignements positifs plus précis, la considération des profondeurs maritimes indique certainement l'allure générale du phénomène.

A partir de la dernière phase décrite, l'évolution qui aboutit aux contours actuels de l'Europe se précise plus nettement.

Un affaissement subséquent d'un peu plus de 100 mètres en moyenne fait rapidement gagner à la mer des espaces considérables. Partout, sauf sur les emplacements de la Mer du Nord et de la Manche, l'Océan enserre de plus en plus près le contour actuel des Iles Britanniques. Mais, ce qui a le plus d'intérêt pour nous, les communications terrestres entre l'Irlande et la Grande-Bretagne commencent à devenir précaires.

La topographie sous-marine de la Mer d'Irlande laisse entrevoir les traces d'une vallée assez profonde, probablement occupée par un chapelet de lacs (2). Cette vallée a été envahie par le Sud : grâce à sa largeur et à la présence des lacs, elle a dû être assez rapidement submergée. Ainsi s'est réalisée entre l'Irlande et l'Angleterre une séparation encore incomplète, mais qui, pour certaines catégories d'animaux, constituait déjà un obstacle réel. La dernière communication de l'Irlande avec la grande île voisine a dû se trouver entre le comté de Derry et les Ebudes du Sud (Islay, Jura, Mull), c'est-à-dire très loin vers le Nord. Elle imposait un long détour aux insectes venant du Sud et ne laissait le passage possible qu'aux espèces très eurythermes.

La Manche a dû avoir une histoire analogue. Le terrain qu'elle occupe aujourd'hui était la vallée majeure d'un grand fleuve dont l'affluent principal était la Seine, et qui se grossissait de tous les petits fleuves côtiers

1. Des oscillations de ce genre sont hors de doute en ce qui concerne la Flandre.

2. Voir les cartes de restitution données par R. F. Scharff, *European Animals*, pp. 28 et 46.

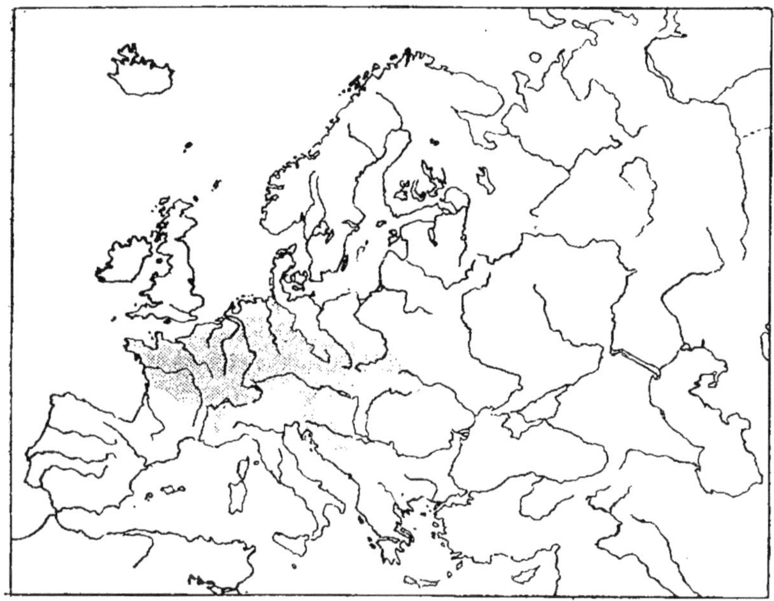

21. — *Abax ovalis* Duft.

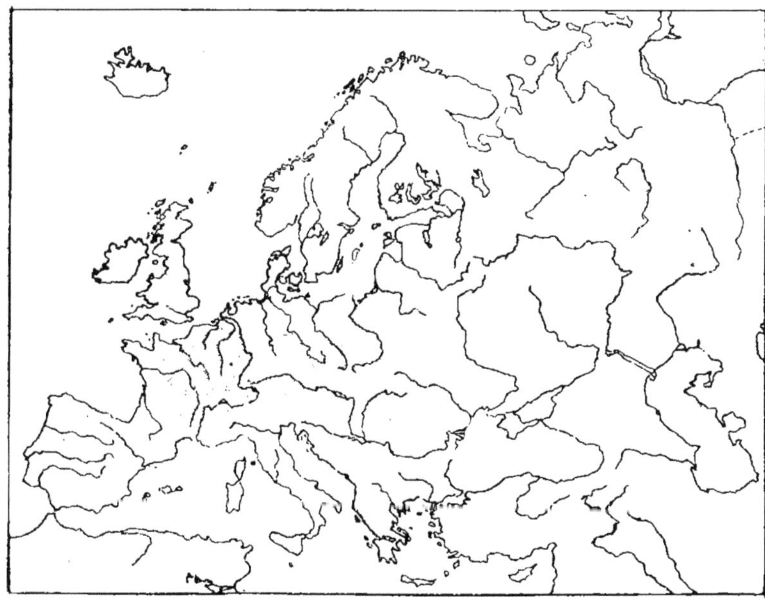

22. — *Cerophytum elateroides* Latr.

des deux versants. La trace du lit de ce fleuve, peut-être même celle d'un grand lac situé sur son parcours, est encore aujourd'hui marquée par la « Grande Fosse » ou « Hurd Deep », chenal assez profond qui passe au large de Guernesey.

Si les indices donnés par les profondeurs maritimes sont exacts, la formation de la Manche serait sensiblement postérieure à celle du canal central de la Mer d'Irlande. Il a fallu que la mer remonte jusqu'à 50 mètres environ au-dessous du niveau actuel pour que la Manche parvienne, avec une largeur très réduite, jusqu'à la région comprise entre Eastbourne et Dieppe. La partie située entre Hastings et Boulogne présente encore aujourd'hui une topographie sous-marine très compliquée, accusant les traces de vallées et de collines submergées à une époque très récente.

Le fond de la Mer du Nord forme une grande plaine à surface assez unie, qui se relève lentement et régulièrement depuis le parallèle 58°, où la profondeur moyenne est de 100 m., jusqu'au parallèle 54°, où elle est de 40 m. La topographie sous-marine présente toutefois quelques particularités. Un grand fleuve, prolongement du Rhin actuel, devait traverser la plaine ; il s'infléchissait vers l'Ouest pour contourner le plateau marqué par le Dogger Bank et passer par la fosse dite « Outer Silver Pit ».

En continuant, faute d'indices plus précis, à prendre pour guide la carte marine, on conclurait donc que la partie septentrionale de la Mer du Nord, jusqu'à une ligne allant de Bridlington au cap Skagen, a été envahie par les eaux à peu près en même temps que la partie moyenne de la Manche. Ce serait donc par la partie Est de la Manche, le Pas de Calais, et la partie Sud de la Mer du Nord que l'Angleterre serait restée le plus tard soudée au continent.

On peut même juger que le dernier « pont » n'était pas situé exactement sur l'emplacement du Pas-de Calais, lequel est entièrement suivi par un chenal, de profondeur supérieure à 50 mètres. Je le verrais plus facilement quelque part dans la partie méridionale de la Mer du Nord, entre l'embouchure de la Tamise et celle de l'Escaut.

En même temps qu'avaient lieu ces modifications successives du littoral, tout le Nord-Ouest de l'Europe était le théâtre de phénomènes climatériques de grande envergure, constitués par les phases successives de la grande glaciation quaternaire.

Ces phénomènes ont été l'objet d'une infinité de travaux du plus grand mérite. Ils peuvent être considérés comme bien connus. Mais, au point de vue spécial de la présente étude, il semble persister dans nos connaissances une lacune fondamentale. Cette lacune, c'est le manque de données précises sur la concordance, dans le temps, entre les phases principales de la glaciation et les modifications du tracé du littoral.

Quelle était, par exemple, la carte de l'Europe occidentale au moment où a commencé l'extension des glaciers, et où nous pouvons imaginer des migrations d'animaux du Nord vers le Sud ? Quelles étaient les liaisons terrestres restées possibles, et par conséquent les possibilités de repeuplement, pendant la durée de telle ou telle période interglaciaire, et spécialement après le retrait définitif des glaciers pléistocènes ?

Autant de questions auxquelles il paraît difficile d'obtenir des réponses précises. Ce qui nous manque, c'est donc une chronologie approchée des changements géographiques, dans leurs rapports avec les phases d'extension glaciaire.

Il a bien été fait des tentatives de ce genre, notamment par De Geer en Suède et par Brooks en Angleterre (1). Ces essais sont très précieux, mais ils se rapportent surtout à la toute dernière phase, celle qui a suivi la dernière des extensions glaciaires. Sur la concordance au cours des périodes antérieures, les opinions les plus divergentes se sont fait jour.

Pour donner une idée de l'importance de cette lacune et des contradictions qu'elle peut provoquer, j'emprunterai un exemple à A. Russell Wallace.

Il rappelle (2) l'opinion de Clement Reid, lequel affirme que des blocs de granit provenant des Iles Anglo-Normandes, flottés par des icebergs, ont pu ainsi traverser la Manche et être déposés le long des côtes du Sussex. Quelques lignes plus loin, traitant des migrations que le changement de climat a pu imposer à la faune primitive de la Grande-Bretagne, il émet l'hypothèse que cette faune a pu se réfugier « in the adjacent continental areas ». Quelles auraient pu être ces « continental areas » ? Pas le Nord de la France, puisque la Manche aurait déjà été assez large pour atteindre la côte du Sussex et assez profonde pour y supporter des blocs de granit flottés. Pas non plus les Pays-Bas, puisqu'à cette latitude, la Mer du Nord, vu son emplacement, est supposée recouverte d'une calotte de glace. Alors ?

J'estime qu'il est au-dessus des forces d'un naturaliste amateur de tenter un essai de restitution satisfaisant sur la genèse complète de la faune britannique. Tout ce qu'il est possible de faire, c'est de consacrer quelques lignes aux principales thèses en présence, et de chercher à reconnaître quelles sont, parmi ces thèses, celles qui donnent les explications les moins invraisemblables des faits de dispersion observés.

J'ai parlé de thèses. Ce sont plutôt simplement des tendances, et il n'y en a guère que deux.

La première donne une importance prépondérante au climat en tant que facteur de dispersion. D'autre part elle attribue à la glaciation pléistocène un rôle de premier ordre dans l'histoire de la faune européenne.

La seconde se fait une représentation beaucoup plus atténuée de la période glaciaire, laquelle, en définitive, n'aurait été qu'un épisode dans l'évolution ininterrompue de la faune de l'Europe occidentale.

Dans la première hypothèse, à l'apogée de la glaciation, toute faune et toute flore aurait entièrement disparu de la surface des Iles Britanniques,

1. Cf. C. E. P. Brooks, *The Evolution of Climate in North West Europe*, in *Quarterly J. Roy. Meteor. Soc.*, XLVII, pp. 173-194.
2. *Island Life*, éd. III, p. 338.

sauf dans quelques territoires privilégiés, ceux où on ne constate pas de dépôts de « boulder-clay ». Ces régions sont l'extrême Sud de l'Angleterre (au Sud de la Tamise) et une portion insignifiante de l'Irlande (partie des comtés de Cork et de Kerry). Le climat des espaces restés libres de glace aurait d'ailleurs été si rigoureux, que seules auraient pu survivre les espèces adaptées à la vie sous les latitudes arctiques.

Essayons de voir ce que deviennent, avec de pareilles données, les constituants principaux de la faune britannique, et quelles ont dû être leurs tribulations.

Pour les groupes arctiques et boréo-alpins, la chose paraît simple à première vue. Ils auront été tout simplement refoulés dans les zones libres de glaces, où leur adaptation à un climat froid leur a permis de se maintenir. De là, au retour du climat tempéré, ils seront remontés peu à peu vers le Nord, au fur et à mesure que la disparition de la glace leur permettait de reconquérir le terrain, et finalement ils auront réoccupé leurs anciennes stations.

Si nous réfléchissons que la période glaciaire a été composée de plusieurs phases, séparées entre elles par des périodes de réchauffement très accusées, l'exécution de ces mouvements de va-et-vient paraît déjà un peu plus ardue. Néanmoins le mécanisme en paraît encore fort admissible pour les grands animaux (Mammifères, Oiseaux) et pour ceux des Insectes qui sont aptes à des déplacements rapides et étendus. Mais il n'en est plus de même pour les autres.

Dans la classe des Insectes, en effet, règne la plus grande inégalité en ce qui concerne les moyens naturels de dispersion. Ceux d'entre eux qui sont ailés et bons voiliers peuvent parcourir des distances considérables, et aucun déplacement n'est invraisemblable de leur part (1).

Mais, à côté de ces insectes capables de grands déplacements, il en est beaucoup d'autres dont la migration rapide, active ou passive, est difficile à admettre. Parmi la faune des hautes montagnes, on trouve notamment un grand nombre de Microcoléoptères aptères ou ayant perdu l'habitude du vol, et dont certains sont très lents dans leurs mouvements. Leur existence active ne dure que quelques mois d'été : ils en passent la plus grande partie cachés sous les pierres, à la racine des gazons, sous les mousses ou dans les feuilles mortes au pied de la végétation frutescente (bruyères, saules nains, etc.). Encore se trouvent-ils pendant une partie de cette période à

1. Pour certains Coléoptères de grande taille et doués d'aptitude aux déplacements rapides, l'établissement des cartes de dispersion est, de ce fait, souvent difficile. En avant de leur zone d'habitat continu s'étend une zone de dispersion erratique qui peut mesurer plusieurs centaines de kilomètres de profondeur, dans laquelle l'espèce n'apparaît que certaines années, parfois en grand nombre sur un même point, pour disparaître ensuite pendant de longues périodes. C'est le cas de plusieurs des genres ailés de la famille des *Carabidae*, notamment les Calosomes et certains *Chlaenius*. Les *Carabus*, en général dépourvus d'ailes propres au vol, sont très agiles et très vagabonds. En ce qui les concerne, une avance graduelle de quelques kilomètres par an n'a rien d'invraisemblable.

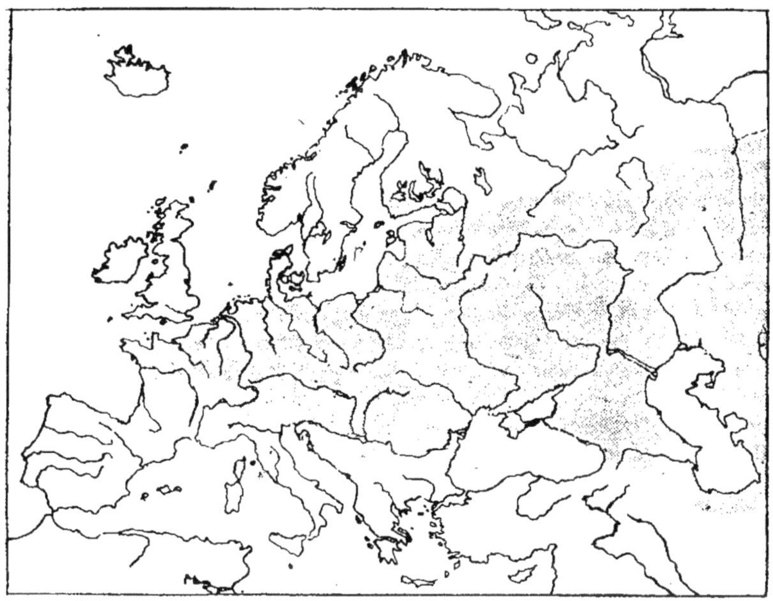

23. — *Silpha carinata* Herbst.

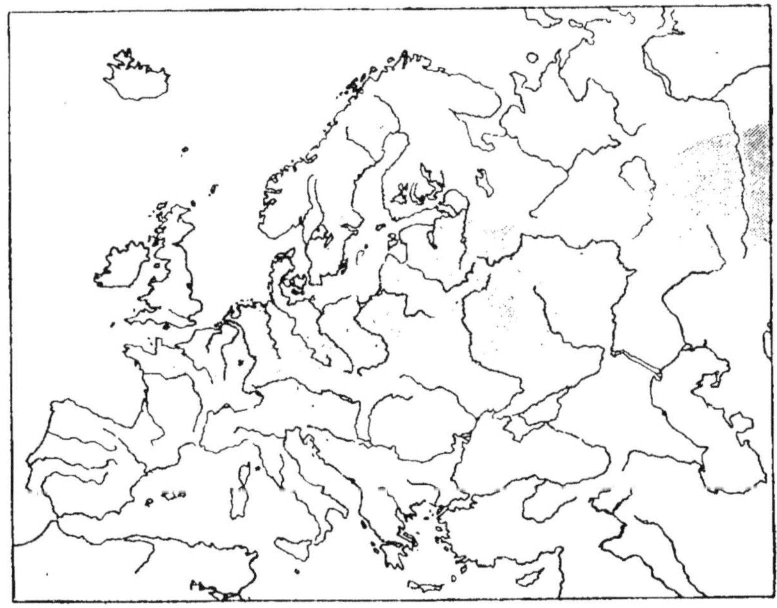

24— *Ectinus aterrimus* L.

l'état de larves, c'est-à-dire sous une forme à la fois délicate et incapable de reproduction. Bref, ils sont dans les conditions les moins favorables pour essaimer d'eux-mêmes, ou pour être entraînés au loin par les ouragans, les courants marins ou les oiseaux migrateurs.

Considérons l'ensemble des Coléoptères qui habitaient les montagnes de l'Ecosse à l'origine de la période glaciaire. Nous ne savons rien de précis sur la composition de cette faune, mais nous pouvons supposer, avec vraisemblance, qu'elle consistait en un assemblage d'espèces à déplacements faciles et d'autres peu aptes à l'émigration. Si cette faune avait subi une série de mouvements de va-et-vient d'aussi grande envergure, aussi généralisés, et, somme toute, pas très anciens, il semble difficile que sa composition ne s'en ressente pas aujourd'hui. A chaque renversement de l'évolution du climat, et à chaque mise en marche de la faune vers le Sud ou vers le Nord, il y aurait eu des retardataires et des défections, et ces défections seraient particulièrement accusées parmi les espèces à déplacements difficiles. Les autres auraient peu à peu pris l'avantage et devraient aujourd'hui être absolument dominants. Or ce n'est pas ce que l'on constate. La faune actuelle des Highlands a un contingent absolument normal de *Carabidae*, *Staphylinidae* et *Curculionidae* aptères, épigés et relativement sédentaires.

En examinant la dispersion des espèces d'origine méridionale, on trouve également des détails difficiles à expliquer.

Examinons la localisation actuelle sur les côtes britanniques de l'*Eurynebria complanata* L. : littoral des comtés de Wicklow et Wexford, littoral Sud du Pays de Galles, littoral Nord du Devonshire.

L'espèce s'est visiblement propagée le long des côtes en voie de recul en partant d'un point hypothétique qu'on peut situer au confluent de l'émissaire de la Mer d'Irlande avec la Severn prolongée. Si nous admettons qu'un insecte méridional comme l'*Eurynebria* n'a pu se maintenir dans cette région pendant aucune des phases d'extension glaciaire, il faudrait en conclure que la liaison directe entre la Bretagne armoricaine et l'Irlande a persisté jusqu'à la période de réchauffement qui a suivi la dernière extension glaciaire, c'est-à-dire jusqu'à une époque très peu éloignée de nous (moins de dix mille années, d'après les géologues scandinaves). C'est peut-être un peu hardi.

On découvrirait bien d'autres difficultés encore si, au lieu de se borner à l'examen de la faune britannique, on étendait les investigations à tout le Nord-Ouest de l'Europe. Certains détails de la faune scandinave sont à peu près inexplicables si on ne se résout pas à attribuer à quelques éléments un âge, sinon préglaciaire, au moins interglaciaire.

La thèse inverse a trouvé surtout des partisans parmi les naturalistes dont les études portaient sur les animaux et végétaux inférieurs (Articulés, Vers, Mollusques terrestres, Mousses, Hépatiques, etc.). Elle est loin d'être une nouveauté.

Je ne résiste pas à la tentation de traduire ci-dessous une page du botaniste anglais Richard SPRUCE, écrite en 1887 et citée par A. R. WALLACE (1) :

« De ce qui précède, je conclus qu'il n'existe pas de cause naturelle capa-
« ble de transporter, de la zone torride dans les Iles Britanniques, les ger-
« mes de celles de nos Hépatiques qui sont de type tropical. Je vais jusqu'à
« supposer que leur existence à Killarney date de la période très ancienne
« où toute la végétation de l'hémisphère Nord participait du caractère
« tropical. Si on me demande d'expliquer leur survivance pendant la der-
« nière période glaciaire, je réponds que, tout en admettant la présence
« d'une calotte de glace descendant en Europe jusqu'au 50e degré de lati-
« tude et en Amérique jusqu'au 40e, je ne considère pas comme démontré
« que la superficie totale des terres fût, d'un bout de l'année à l'autre, entiè-
« rement recouverte par une épaisse couche de glace. Vers la bordure méri-
« dionale de la calotte glaciaire, le climat était probablement très analogue
« à celui qu'ont aujourd'hui le Groenland et la partie septentrionale de la
« Norvège. Le soleil de l'été devait avoir une certaine puissance, et, le long
« des fjords abrités, la neige durcie devait disparaître complètement, ne
« fût-ce que pour une période assez courte. Je ne demande qu'un mois ou
« deux, ne doutant pas de la possibilité pour nos Hépatiques de végéter
« sous la neige à l'état de repos hivernal pendant les dix autres mois de
« l'année. J'ai recueilli des mousses dans les Pyrénées dans une localité
« que la neige n'avait abandonnée que le 2 août, et, dès le 25 septembre,
« elles étaient déjà recouvertes d'une nouvelle couche de neige, qui per-
« sista sans doute jusqu'à l'année suivante. Les mousses de Killarney ont
« même pu jouir d'un été plus long que cela, car le Gulf Stream baigne
« les deux côtes de l'Irlande; ses eaux tièdes devaient contribuer à faire
« fondre la neige, et à empêcher la formation de glaces dans la mer elle-
« même. »

Il n'y a pas grand' chose à ajouter à ce tableau ancien, mais déjà très complet. Il suffit effectivement, pour expliquer la persistance sur place d'une vie organique plus ou moins réduite, d'admettre qu'au plus fort de la période glaciaire les côtes occidentales de la Norvège méridionale, de l'Ecosse, de l'Irlande et des archipels voisins se trouvaient dans des conditions analogues à celles qui règnent aujourd'hui sur la côte occidentale du Groenland, jusqu'à 75° ou 80° de latitude. Sur ce littoral, l'Inlandsis ne descend en général pas jusqu'à la mer et laisse un espace libre assez vaste, sur laquelle la neige fond au moins quelques semaines par an, et où peuvent prospérer une flore et une faune d'ailleurs réduites. En soi, l'hypothèse n'a rien d'absurde.

Sous des latitudes moyennes comme celles des Iles Britanniques, l'exposition a pu exercer une influence considérable, à l'exemple de ce qui se passe dans nos montagnes à la fin de la mauvaise saison. Une côte tournée vers le Midi et abritée du vent du Nord pouvait, par endroits, se débarras-

1. *Island Life*, éd. III, p. 369, note 1.

ser assez facilement de la couverture de neige. On imagine aisément qu'il a pu en être ainsi sur la côte Sud du Pays de Galles, peut-être aussi sur celle des comtés de Dumfries et de Kirkudbright, et en bien d'autres lieux moins immédiatement caractéristiques.

Un autre point sur lequel il faut insister, c'est que la proximité d'un glacier n'implique nullement l'établissement d'un climat polaire ou sibérien. Une masse de glace, si puissante qu'elle soit, ne peut refroidir ni le sol ni l'atmosphère au-dessous de sa propre température. Dans les contrées de relief médiocre, à climat maritime et à précipitations abondantes, cette température n'était probablement que de quelques degrés inférieure à zéro. Le voisinage du glacier devait avoir comme effet principal, en cas de réchauffement, de s'opposer à l'élévation de la température d'été (1). Mais cet effet devait être assez localisé, et, à quelques kilomètres du glacier, une flore et une faune de caractère tempéré pouvait se maintenir. A l'époque actuelle, il ne manque pas de points du globe où la forêt voisine avec le glacier et s'installe même au contact des lobes glaciaires ou dans leurs îlots et leurs intervalles. La partie Sud de l'Angleterre, au delà de la limite du boulder clay, peut très bien avoir conservé une faune assez riche. Il n'y a aucune raison d'admettre que cette région ait jamais présenté les caractères des toundras sibériens, avec sol gelé en permanence sur une grande profondeur. Ces caractères sont particuliers aux climats continentaux, à régime anticyclonique avec précipitations rares et rayonnement intense. Ce sont d'ailleurs des conditions contraires à celles qui favorisent l'extension des glaciers.

Il n'est donc pas absurde de supposer que les Iles Britanniques, en dépit des vicissitudes climatériques, aient pu conserver en permanence une proportion assez importante de leur faune préglaciaire.

C'est en ce sens que R. F. Scharff (2) a pu affirmer que la faune britannique avait subi une évolution d'une continuité ininterrompue depuis les temps pliocènes. Tout paradoxal qu'il semble à première vue, ce jugement ne paraît pas très loin de la vérité, au moins en ce qui concerne les Insectes. On peut le rapprocher de la conclusion que formule Kobelt pour les Mollusques terrestres d'Europe : « Die Eiszeit ist somit für die Mollus-« kenfauna nicht eine trennende Kluft zwischen zwei verschiedenen « Formationen, sondern nur eine Episode innerhalb der kainozoischen « Periode (3). »

Il est de fait que les peuplements de la Norwège littorale, de l'Ecosse, de

1. A titre de comparaison, voici quelle est actuellement la moyenne des maxima annuels d'été dans des contrées où des surfaces importantes sont encore occupées par les glaces : pointe Sud du Groenland, 17° ; Reikjawik, 21° ; Bergen, 26° ; Trondhjem, 23°. — Les dernières de ces moyennes ne diffèrent pas de celles de l'Ecosse et de l'Irlande.

2. R. F. Scharff, *Origin of the Irish Land an Freshwater Fauna*, 1894 (cité par W. E. Sharp, *l. c.*, p. 168) ; *European Animals*, p. 85.

3. W. Kobelt, *Studien zur Zoogeographie*, p. 169.

l'Irlande, de l'Ouest de l'Angleterre et de la Bretagne armoricaine forment encore aujourd'hui une chaîne d'une telle continuité que l'une des faunes intermédiaires peut être presque totalement prévue par le rapprochement des deux voisines (1).

On a peine à croire que cette parenté faunique, qui doit remonter aux anciennes liaisons du pliocène, ait totalement disparu à un moment donné pour se trouver restituée plus tard par des causes purement accidentelles.

Les épisodes les moins nébuleux de l'histoire faunique de l'Angleterre sont certainement les plus récents. Nous avons vu que la dernière liaison avec le continent avait dû se faire par la partie méridionale de la Mer du Nord. A l'époque où celle-ci n'existait pas encore, le climat de l'Europe occidentale devait être beaucoup plus continental qu'à présent. C'est par là qu'ont dû passer les derniers immigrants, qui sont des espèces steppicoles, palustres ou halophiles ; c'est également le chemin qu'ont pris les *Cœnopsis*, par exemple, pour aller, de l'Angleterre méridionale, coloniser les bruyères de la Campine, de la Hollande et du Rhin inférieur.

Immédiatement après la liaison définitive de la Mer du Nord et de la Manche a dû commencer la phase d'extension des forêts que BROOKS (*loc. cit.*) fait remonter à 3.000 ans avant notre ère. A ce moment, de nombreuses espèces s'étendent de l'Europe Centrale sur le Nord de la France, sans pouvoir passer dans les Iles Britanniques. De cette époque date probablement aussi la dégradation du climat sur les deux rives de la Manche. Déjà l'élargissement de ce bras de mer avait dû modifier le régime des pluies. La communication établie avec les eaux plus froides de la Mer du Nord a dû encore accentuer le caractère maritime du climat, et abaisser encore l'intensité de la chaleur estivale, facteur très important pour le développement de certains Insectes. En Angleterre, les espèces exigeantes à cet égard ont dû s'éteindre graduellement, pendant qu'en France elles rétrogradaient peu à peu sur des lignes grossièrement parallèles à la limite de la maturation du raisin et de la culture de la vigne.

A partir de l'isolement complet de l'Angleterre, la faune britannique, à part les introductions accidentelles, n'éprouve plus guère que des pertes. Dans tous les pays d'Europe, la faune indigène sauvage, même celle des Insectes, s'appauvrit rapidement par suite des progrès de la culture, de l'aménagement des forêts, du dessèchement des marais, etc. Malgré l'ancienneté de l'industrie et son immense développement actuel, la faune britannique ne semble pas avoir beaucoup plus souffert que ses voisines. L'amour et la compréhension de la Nature, enracinés au cœur du peuple anglais, le respect des vieux arbres et des beaux paysages, l'existence de

1. Lorsqu'une espèce est signalée à la fois du département français du Finistère et de l'un des districts de Trondhjem, Bergen ou Stavanger, on peut être à peu près assuré qu'elle existe en Ecosse et en Irlande. Les exceptions sont très peu nombreuses ; elles ne comprennent guère que des espèces à dispersion très facile, constituant des apports continentaux récents (*Carabus coriaceus*, *Cantharis violacea*, etc.).

quelques vieilles forêts admirablement ménagées, le grand nombre de « parks » entretenus pour l'agrément des yeux et sans esprit de lucre ont fait heureusement équilibre à l'action destructrice de la civilisation. En ces matières, nous aurions beaucoup à apprendre de nos voisins. Mais, comme dit RUDYARD KIPLING, ceci est une autre histoire !

Le peuplement bryologique des îles britanniques.

par

J. CARDOT

J'ai pris pour base de cette étude la troisième édition (1924) de l'admirable *Handbook of british Mosses* de DIXON et JAMESON. C'est au premier de ces deux bryologues qu'est due la partie systématique de l'ouvrage (descriptions et notes critiques), à l'exception des clefs analytiques des genres et des espèces, qui ont été établies par le Rév. JAMESON, à qui l'on doit en outre toute la partie iconographique, qui complète si heureusement le texte, et rend particulièrement commode aux débutants l'usage de ce livre.

Il convient de remarquer que DIXON a une compréhension très large du genre et de l'espèce. La plupart de ses grands genres, tels que *Tortula*, *Barbula*, *Weisia*, *Eurhynchium*, *Amblystegium*, *Hypnum*, pour ne citer que les principaux, sont formés de nombreux groupes auxquels presque tous les bryologues actuels accordent le rang de genres. Il entend également l'espèce dans un sens non moins large, de telle sorte qu'un grand nombre de Mousses, que l'on tend de plus en plus à considérer comme des types spécifiques distincts, malgré l'existence plus ou moins fréquente de formes indécises, sont ramenées par lui au rang de sous-espèces ou de variétés. Plus d'une centaine de formes, décrites comme espèces par le bryologue anglais STIRTON, ne sont même pour DIXON que de simples synonymes ; quelques-unes à peine subsistent dans son ouvrage comme variétés, et une seule comme sous-espèce. Ces réductions paraissent d'ailleurs complètement justifiées.

Sous réserve des observations qui précèdent, l'inventaire de la flore bryologique des îles britanniques comporte actuellement (en y comprenant les Sphaignes, au nombre d'une vingtaine) 116 genres, 620 espèces et sous-espèces, et plus de 300 variétés.

Elément endémique.

L'élément endémique est très pauvre ; il se réduit à 15 espèces et sous-espèces, dont voici l'énumération :

Campylopus Shawii Wils.
— *setifolius* Wils.

Grimmia Stirtoni Sch. (sous-espèce du *G. trichophylla* Grev.).
— *robusta* Ferg. (sous-espèce du *G. decipiens* Ldb.).
— *retracta* Ferg (sous-espèce du *G. Hartmanni* Sch.).
— *homodictyon* Dixon.
Barbula Nicholsoni Culm. (sous-espèce du *B. rigidula* Mitt.).
Leptodontium recurvifolium Ldb.
Weisia (Systegium) *sterilis* Nichols. (sous-espèce du *W. crispa* Mitt.).
Trichostomum hibernicum Dix.
— *limosellum* Dix. (sous-espèce du *T. flavovirens* Braithw.).
Bryum lawersianum Phil.
— *rufifolium* Dix. (sous-espèce du *B. capillare* L.).
— *Dixoni* Card.
Porotrichum angustifolium Dix.

Ainsi que le montre cette liste, 8 espèces seulement constituent des types réellement spécifiques, bien définis, ne pouvant donner lieu à aucune confusion. Ce sont elles qui représentent essentiellement l'élément endémique. Dixon ne considère les 7 autres que comme des sous-espèces de Mousses continentales à large dispersion, et il est fort possible, probable même, qu'elles se retrouveront pour la plupart en dehors des îles britanniques.

A cette liste d'endémiques,on aurait pu ajouter le *Glyphomitrium Daviesii* Brid., si cette espèce, connue depuis fort longtemps, puisqu'elle fut décrite par Dickson, en 1773, sous le nom de *Bryum Daviesii*, n'avait pas été retrouvée assez récemment aux îles Faeroes et en Norvège.

Etant donné que la flore bryologique des îles britanniques est assurément l'une des mieux connues d'Europe, il est à prévoir que la liste de ses endémiques a beaucoup plus de chances de se voir réduite qu'augmentée par des recherches ultérieures.

Comparaison entre les flores bryologiques britannique et française.

Ce n'est pas avec les pays de l'Europe occidentale situés sous les mêmes latitudes qu'elle, que la Grande-Bretagne présente le plus de rapports au point de vue bryologique. Sa flore muscinale est plus riche et plus variée que celle des pays de plaines qui lui font face sur le continent : Belgique, Hollande, Danemark, Allemagne du Nord et partie méridionale de la Suède. Elle n'est, au contraire, en quelque sorte, qu'un prolongement de la flore bryologique française, plus de 89 % des espèces qui la composent se retrouvant chez nous, et plus de 78 % de nos Mousses croissant également dans l'archipel anglais. Il convient d'étudier avec quelque précision les relations de ces deux flores si voisines.

Une difficulté se présente souvent pour établir une comparaison numérique entre les flores de deux régions quelconques : c'est lorsque les botanistes qui les ont étudiées avaient une compréhension trop différente de l'espèce. Il faut alors, avant toute comparaison, ramener les éléments de ces flores à une valeur uniforme, les réduire, si l'on peut dire, au même dénominateur. Cette difficulté m'est heureusement épargnée, les deux grandes autorités de la bryologie française, BOULAY et HUSNOT, ayant eu de l'espèce à peu près la même notion que DIXON, notion qui me paraît d'ailleurs la plus conforme à la réalité scientifique.

Je viens d'indiquer que, d'après le *Handbook* de DIXON, la flore bryologique britannique compte 116 genres et 620 espèces et sous-espèces. Cinq de ces genres : *Glyphomitrium* Brid., *Œdipodium* Schw., *Daltonia* H. et T., *Hookeria* Tayl. et *Myurium* Sch. ne se retrouvent pas sur le territoire français, qui possède par contre les 10 genres suivants, dont la présence n'a pas été jusqu'ici constatée dans le domaine britannique :

Bruchia Schw.
Braunia B. S.
Leptobarbula Sch.
Pyramidula Brid.
Anacolia Sch.
Scopelophila Mitt.
Gehcebia Sch.
Dichelyma Myr.
Fabronia Raddi.
Anacamptodon Brid.

Sur les 620 Mousses britanniques, 62 n'ont pas encore été trouvées en France. Il y a d'abord les 15 endémiques citées plus haut ; puis 5 espèces arctiques, qui paraissent atteindre ici la limite méridionale de leur dispersion : *Dicranum molle* Wils. (*D. arcticum* Sch.), *Œdipodium Griffithianum* Schw., *Tetraplodon Wormskjoldii* Ldb., *Splachnum vasculosum* L. et *Bryum purpurascens* B. S. (1), auxquelles il faut ajouter le subendémique *Glyphomitrium Daviseii* Brid.

Les 13 espèces suivantes, appartenant à la flore arctique-alpine, se retrouvent à la fois en Scandinavie et dans les Alpes centrales et méridionales :

Sphagnum Lindbergii Sch.
Blindia caespiticia Ldb.
Campylopus Schwartzii Sch.
Dicranum schisti Ldb.
Tortula suberecta Drumm.
— *cernua* Ldb.
Barbula glauca Dix.
Tetraplodon mnioides B. S.
Tayloria lingulata Ldb.
Aulacomnium turgidum Schw.
Mnium riparium Mitt.
Pseudoleskea patens Limpr.
Hypnum turgescens Sch.

Six espèces : *Ditrichum zonatum* Limpr., *Dicranum uncinatum* C. Müll. et *asperulum* Mitt., *Barbula cordata* Dix. (*Didymodon* Jur.), *Zygodon gracilis* Wils. et *Amblystegium curvicaule* Ldb., des Alpes centrales et méridionales, ne remontent pas jusqu'en Scandinavie.

Treize autres espèces ont été trouvées dans diverses localités de l'Europe centrale ou méridionale, ou dans le Sud de la Suède :

Cynodontium Jenneri Sch.
Pottia commutata Limpr.
— *asperula* Mitt.
Weisia Mittenii Mitt.
— *multicapsularis* Mitt.
Bryum Marratii Wils.
— *mamillatum* Ldb.
Bryum uliginosum B. S.
— *rubens* Mitt.
Fontinalis Dixoni Card.
— *dalecarlica* B. S.
— *seriata* Ldb.
Thuidium Blandowii B. S.

1. DIXON n'indique cette espèce qu'avec quelque doute, n'en ayant vu aucun échantillon d'origine britannique.

Il reste enfin 9 espèces à dispersion tout à fait singulière, dont il sera question plus loin.

La France, dont le territoire couvre 235.000 kmq. de plus que celui des îles anglaises, et qui, des rives de la Méditerranée aux plaines du Nord, et des côtes de l'Océan aux sommets des Alpes, du Jura, des Vosges et des Pyrénées, offre à la végétation muscinale les conditions à la fois les plus variées et les plus favorables, possède nécessairement une flore bryologique plus riche que celle du domaine britannique. Cependant, le nombre des genres n'est pas beaucoup plus élevé (121 contre 116) et l'élément endémique n'y compte pas beaucoup plus d'espèces (21) ; mais le nombre total des espèces s'élève à 700 environ, dépassant de 80 un'tés celui des Mousses britanniques.

Environ 150 espèces françaises ne se trouvent pas de l'autre côté de la Manche et du Pas-de-Calais. Sur ce nombre, une trentaine sont des espèces méditerranéennes, et 70 environ appartiennent à la flore des hautes montagnes, Alpes, Pyrénées, etc. — On peut s'étonner que le *Ditrichum pallidum* Hpe, le *Barbula membranifolia* Schultz et le *Cinclidotus riparius* Arn., assez répandus en France dans l'Ouest, n'aient pas encore été rencontrés en Angleterre.

Si nous faisons le total des genres et des espèces pour les deux flores, nous arrivons aux chiffres de 126 genres et d'environ 760 espèces, dont 111 genres et environ 550 espèces croissant simultanément en France et dans les îles anglaises.

Le tableau ci-dessous résume en quelques lignes les relations existant entre ces deux flores.

Mousses	
DES ILES BRITANNIQUES	DE FRANCE
116 genres, 620 espèces.	121 genres, 700 espèces environ.
Endémiques : 15 espèces.	Endémiques : 21 espèces.
Genres manquant en France : 5.	Genres manquant dans les Iles Britanniques : 10.
Espèces manquant en France : 64.	Espèces manquant dans les Iles Britanniques : 150 environ.

Total des genres et des espèces pour les deux flores :
126 genres et 760 espèces environ.
Eléments communs aux deux flores :
111 genres et 550 espèces environ,

soit plus de 80 % des espèces britanniques, et plus de 78 % des espèces françaises.

Géologie, orographie et climat des îles britanniques.

Les conditions géologiques sont identiques des deux côtés de la Manche et du Pas-de-Calais. Dans les îles britanniques comme en France, les régions de plaines et de basses montagnes sont constituées par des terrains primaires, secondaires et tertiaires. Les premiers occupent une grande partie des Cornouailles, du pays de Galles, de la chaîne pennine, du sud de l'Ecosse (Lowlands) et presque toute l'Irlande. Les terrains secondaires : triasique, jurassique et crétacé, couvrent la plus grande partie de l'Angleterre, avec une étroite bande de tertiaire et quelques dépôts quaternaires dans le sud et le sud-Est. Des terrains cristallins (gneiss, schistes, granites) et d'autres roches éruptives d'origine plus récente forment en Ecosse les massifs des Grampians et des Highlands, et en Irlande les monts de Donegal, de Connemara, de Wicklow, etc.

Le climat des îles britanniques est le type même du climat maritime. Les pluies y sont très abondantes et réparties presque uniformément sur toute l'année. Il y a 250 jours pluvieux sur la côte occidentale d'Irlande, 200 en Cornouailles et 180 dans le bassin de Londres. La chute d'eau annuelle est de 1 mètre environ sur les plaines du centre et de l'est de l'Angleterre, mais les versants exposés directement aux vents océaniques reçoivent des quantités d'eau plus considérables, variant de 1 m. 50 à 3 mètres et plus sur les côtes occidentales de la Grande-Bretagne et de l'Irlande.

L'action régulatrice du Gulf-Stream contribue également à assurer à l'archipel britannique un climat remarquablement uniforme. L'examen des isothermes de l'Europe occidentale montre que l'hiver n'est pas plus froid en Angleterre, en Irlande et jusqu'au nord de l'Ecosse que dans le bassin parisien, situé cependant sous une latitude beaucoup plus méridionale, et que, d'autre part, l'été y est sensiblement moins chaud.

Il résulte de ces conditions climatologiques que la latitude n'exerce qu'une action très secondaire sur la distribution des plantes dans les îles britanniques, bien que celles-ci s'étendent sur plus de 1.000 kilomètres du sud au nord, du 50e au 60o parallèles, contrairement à ce que l'on observe en France, où la flore méditerranéenne et celle du sud ouest contrastent si nettement avec la végétation des districts plus septentrionaux.

Elément orophile.

Le facteur prépondérant de la distribution des Mousses britanniques est l'altitude. Si l'on s'élève de quelques centaines de mètres au-dessus du niveau de la mer, on voit apparaître de nombreuses espèces montagnardes faisant totalement défaut dans les plaines basses. Dixon cite près de 200 espèces qui sont dans ce cas, et qui caractérisent ce qu'il appelle les *districts montagneux et subalpins*, expressions qui correspondent à ce que Boulay, dans ses *Etudes sur la distribution géographique des Mousses en France*, désigne sous les noms de *zone moyenne* et de *zone subalpine des forêts* ; et les espèces caractéristiques de ces deux étages sont en général les mêmes en France et dans les îles britanniques, malgré la différence des latitudes.

Bien que les sommets culminants de ses massifs les plus élevés (Grampians et Highlands) ne dépassent guère 1.300 mètres, l'archipel britannique n'en possède pas moins une *région alpine* nettement marquée, au point de vue bryologique, par la présence d'une quarantaine d'espèces bien caractéristiques, dont il me paraît intéressant de donner la liste :

Andreaea crassinervia Bruch.
— *nivalis* Hook.
Polytrichum sexangulare Floerke.
**Ditrichum zonatum* Limpr.
Saelania caesia Ldb.
Cynodontium strumiferum De Not.
— *gracilescens* Sch.
— *virens* Sch.
— *Wahlenbergii* Ren. et Card.
**Campylopsus Schwartzii* Sch.
Dicranum fulvellum Sm.
— *falcatum* Hedw.
* — *molle* Wils.
Grimmia torquata Hsch.
— *alpestris* Schleich.
— *elongata* Kaulf.
— *atrata* Mielich.
— *unicolor* Hook.
Rhacomitrium sudeticum B. S.
**Tortula subcrecta* Drumm.
— *norvegica* Wahl.
**Tayloria lingulata* Ldb.
Conostomum boreale Sw.
Webera Ludwigii Sch.
— *commutata* Sch.
— *gracilis* De Not.
Plagiobryum demissum Ldb.
Bryum arcticum R. Br.
* — *lawersianum* Phil.
**Pseudoleskea patens* Limpr.
Brachythecium plicatum B. S.
— *glaciale* B. S.
Eurhynchium cirrosum Jur.
Plagiothecium Muellerianum Sch.
Hypnum Halleri L. fil.
— *sulcatum* Sch.
— *revolutum* Ldb.
— *hamulosum* B. S.
— *Bambergeri* Sch.
— *procerrimum* Mol.
— *molle* Dicks.
— *arcticum* Somm.

A part les 7 espèces désignées par un astérisque, qui n'existent pas en France, ou, tout au moins à ma connaissance, n'y ont pas encore été signalées, presque toutes les autres espèces de cette liste caractérisent aussi chez nous la région alpine. On constate par ailleurs qu'un grand nombre d'autres Mousses, citées par Boulay comme nettement alpines, semblent bien ne pas s'élever en Angleterre au-dessus des zones moyenne et subalpine ; et le *Tortula cernua* Ldb., espèce qui ne se rencontre guère, dans l'Europe continentale, que dans les zones subalpine et alpine, n'a été trouvé en Angleterre que dans deux localités de plaine (1).

Elément occidental ou atlantique.

Les régions occidentales du continent européen possèdent un certain nombre de Mousses dont les unes leur sont propres, dont les autres deviennent de plus en plus rares à mesure que l'on s'avance vers l'est, pour disparaître enfin complètement des contrées plus orientales. Cet élément occidental ou atlantique est représenté dans les îles britanniques par les espèces suivantes, au nombre de 39 :

1. Une exception du même genre est présentée en France par le *Grimmia atrata* Mielich., l'une des espèces les plus spéciales de la région alpine, que j'ai récoltée jadis dans les Ardennes, sur un rocher schisteux humide, au bord de la Meuse, à 130 mètres d'altitude, et où elle existe toujours en abondance.

*Andreaea Rothii Web. et Mohr.
*Ceratodon conicus Ldb.
Dicranum Scottianum Turn.
Campylopsus atrovirens De Not.
— brevipilus B. S.
Pottia caespitosa C. Müll.
— crinita Wils.
— viridifolia Mitt.
Leptodontium flexifolium Hpe.
*Tortula mutica Ldb.
Cinclidotus Brebissoni Husn.
Fissidens algarvicus Solms.
— rivularis Spr.
— crassipes Wils.
— polyphyllus Wils.
Grimmia decipiens Ldb.
Ptychomitrium polyphyllum Fürn.
Hedwigia imberbis Spr.
Zygodon conoideus H. et T.
*Ulota phyllantha Brid.
*Orthotrichum rivulare Turn.
* — Sprucei Mont.
* — pulchellum Sm.
*Discelium nudum Brid.
Orthodontium gracile Schw.
*Webera Tozeri Sch.
Breutelia arcuata Sch.
Fontinalis dolosa Card (1).
Cryphaea heteromalla Mohr.
Neckera pumila Hedw.
*Pterygophyllum lucens Brid.
*Heterocladium heteropterum B. S.
*Brachythecium caespitosum Dix.
Eurhynchium Teesdalei Sch.
— curvisetum Husn.
*Plagiothecium piliferum B. S.
*Sematophyllum demissum Mitt.
*Amblystegium compactum Aust.
Hyocomium flagellare B.S. (2).

Les 15 espèces de celle liste marquées d'un astérisque se retrouvent en outre dans l'Amérique du Nord. Les unes (*Andreaea Rothii, Ulota phyllantha, Discelium nudum, Pterygophyllun lucens, Plagiothecium piliferum, Sematophyllum demissum, Amblystegium compactum*) sont des espèces euryatlantiques, dont presque toutes, d'ailleurs, se rencontrent également à l'ouest des Rocheuses ; mais *Ceratodon conicus, Tortula mutica, Orthotrichum rivulare, Sprucei* et *pulchellum*, *Webera Tozeri, Heterocladium heteropterum* et *Brachythecium caespitosum* paraissent confinées en Amérique sur le versant du Pacifique. On peut en rapprocher les trois espèces suivantes, à aires également disjointes :

Catharinea crispa James. Iles britanniques ; Etats-Unis (New Jersey), Canada (Ontario) ; Colombie britannique.

Sematophyllum micans Braithw. (*Hypnum Novae-Caesareae* Aust.). Iles britanniques ; Etats-Unis de l'Est ; Sikkim. Une variété signalée dans le Grand-duché de Bade.

Heterocladium Macounii Best. Iles britanniques ; Amérique boréale occidentale (Vancouver). DIXON ne considère cette Mousse que comme une sous-espèce de l'*H. heteropterum* B. S.

Élément méditerranéen.

On sait que parmi les Mousses qui caractérisent en France la région méditerranéenne, un bon nombre s'étendent vers l'ouest, par la vallée de la

1. Décrite sur un échantillon du Bedfordshire, cette Mousse, que je considère, avec DIXON, comme une sous-espèce du *F. antipyretica*, a été retrouvée dans plusieurs autres localités anglaises, et, en dehors des îles britanniques, en France (environ de Dunkerque), en Italie et en Westphalie.

2. Cette espèce a été trouvée récemment en Géorgie, au sud de la chaîne du Caucase, ce qui étend considérablement vers l'est son aire d'expansion ; mais c'est plutôt sans doute un cas de disjonction.

Garonne, jusqu'au littoral océanique, gagnant, à la faveur du climat maritime, la Bretagne et la Normandie. Quelques espèces, dépassant l'embouchure de la Seine, s'avancent même jusqu'en Belgique et en Hollande. C'est ce que l'abbé Boulay a fort judicieusement appelé les *extensions de la région méditerranéenne.*

Or cet élément est largement représenté dans les îles britanniques, surtout dans les parties méridionales de l'archipel. En voici l'énumération, qui comprend une soixantaine d'espèces, dont près de la moitié est fournie par la seule famille des Tortulacées :

Ditrichum subulatum Hpe.
Ceratodon chloropus Brid. (1).
Campylopus introflexus Brid.
Fissidens serrulatus Brid.
Grimmia crinita Brid.
— *orbicularis* Bruch.
Acaulon triquetrum C. Müll.
Phascum curvicolle Ehrh.
Pottia recta Mitt.
— *bryoides* Mitt.
— *minutula* Fürn.
— *Starkeana* C. Müll.
Tortula pusilla Mitt.
— *atrovirens* Ldb.
— *cuneifolia* Roth.
— *Vahliana* Wils.
— *marginata* Spr.
— *canescens* Mont.
— *laevipila* Schw. var. *laevipilaeformis* Limpr.
— *princeps* De Not.
Barbula tophacea Mitt.
— *vinealis* Brid.
— *gracilis* Schw.
— *Hornschuchiana* Schultz.
Weisia tortilis C. Müll.
— *crispata* C. Müll.
— *calcarea* C. Müll.
Trichostomum crispulum Bruch.
— *mutabile* Bruch.
— *flavovirens* Bruch.
— *nitidum* Sch.
Pleurochaete squarrosa Ldb.
Cinclidotus Brebissoni Husn.
Orthotrichum tenellum Bruch.
— *diaphanum* Schrad.
Ephemerum sessile Rabenh.
— *recurvifolium* Ldb.
Funaria Templetoni Sm.
— *calcarea* Wahl.
Bartramia stricta Brid.
Philonotis rigida Brid.
Webera carnea Sch.
— *Tozeri* Sch.
Bryum filiforme Dicks. var. *juliforme* Dix.
— *provinciale* Phil.
— *capillare* L. var. *torquescens* Husn.
— *Donianum* Grev.
— *atropurpureum* W. et M.
— *murale* Wils.
— *alpinum* Huds. var. *meridionale* Sch.
— *gemmiparum* De Not.
Leucodon sciuroides Schw. var. *morensis* B. S.
Habrodon Notarisii Sch.
Leptodon Smithii Mohr.
Brachythecium illecebrum De Not.
Eurhynchium speciosum Sch.
— *tenellum* Milde
— *circinatum* B. S.
— *meridionale* De Not.
— *striatulum* B. S.
— *megapolitanum* Milde.
Amblystegium filicinum De Not. var. *Vallis-clausae* Dix.

Plusieurs de ces espèces pourraient tout aussi bien être considérées comme appartenant à l'*élément occidental.* — Il convient d'ajouter à la liste précédente le *Pottia asperula* Mitt. et les *Weisia* (*Systegium*) *multicapsularis* et *Mittenii* Mitt., qui n'ont pas encore été signalés dans la région méditerranéenne française, mais qui ont été trouvés respectivement aux

1. Cette espèce ne figure pas dans l'ouvrage de Dixon, sa découverte dans les îles britanniques étant toute récente.

îles Baléares, en Algérie et en Espagne. Il y a beaucoup de chances pour qu'elles se retrouvent en France.

On voit, par l'exposé qui précède, combien sont étroites les relations entre la flore bryologique des îles britanniques et celle de la France, malgré la différence très sensible de latitude, les côtes méridionales de l'Angleterre étant situées sous les mêmes parallèles que nos départements les plus septentrionaux.

Relations de la flore bryologique britannique avec celle de la Macaronésie.

D'autre part, la végétation muscinale des îles anglaises présente d s rapports fort intéressants avec une flore beaucoup plus lointaine, je veux parler de la flore macaronésique, qui comprend les trois groupes d'îles atlantiques des Açores, de Madère et des Canaries situées entre 28° et 40° lat. Nord, et formant un domaine floral bien particulier, dans lequel les Mousses européennes voisinent si étrangement avec des types tropicaux, et même avec un genre australien et néozélandais, et qui est en outre caractérisé par un endémisme très prononcé.

On peut évaluer à 320 environ le nombre des Mousses recueillies jusqu'ici dans ces îles. Or, sur ce nombre, 181 espèces, soit un peu plus de 56 %, se retrouvent sur les îles britanniques. La plupart (123) sont, ou des espèces banales, plus ou moins cosmopolites, comme *Funaria hygrometrica* Sibth., *Ceratodon purpureus* Brid., *Bryum argenteum* L., *Grimmia apocarpa* Hedw., *Hypnum cupressiforme* L., etc., ou des espèces largement répandues dans la plus grande partie de l'hémisphère boréal (espèces eurasiatiques et euryatlantiques). Mais on y remarque aussi une quarantaine des espèces qui représentent l'élément méditerranéen dans le domaine britannique, et, en outre, une dizaine des espèces atlantiques ou occidentales citées plus haut.

Il reste enfin six espèces, à dispersion très particulière, dont il importe de dire quelques mots.

L'*Ulota vittata* Mitt., le *Myurium hebridarum* Sch. et le *Hypnum canariense* Mitt. paraissent, jusqu'ici, spéciales aux Iles britanniques et au domaine macaronésique. Le *Myurium*, dont le sporogone n'est pas encore connu, semble appartenir à un petit genre dont les autres espèces sont disséminées dans les régions tropicales et subtropicales d'Asie et d'Océanie. Quant au *Hypnum canariense*, il est à noter que Dixon a émis quelques doutes au sujet de son existence dans les îles britanniques.

Le *Daltonia splachnoides* H. et T. fait partie d'un genre dont les nombreuses espèces sont toutes confinées dans les régions tropicales. En dehors du domaine britannique, cette Mousse est connue à Madère, à Fernando-Po, aux Antilles et au Mexique. Il est fort singulier que cette espèce, qui devrait se montrer particulièrement exigeante au point de vue thermique, ne soit signalée que dans deux ou trois localités irlandaises appartenant à la zone subalpine.

Le *Hookeria* (*Cyclodictyon*) *laetevirens* H. et T. appartient lui aussi à un genre tropical. Il se retrouve à Madère et à Fernando-Po.

Enfin, le *Philonotis* (*Bartramidula*) *Wilsoni* Braithw. n'est jusqu'à présent connu que de quatre localités d'Irlande, d'Ecosse et du pays de Galles, et de la petite île de Fernando-Po, dans le golfe de Guinée ; il a toutefois été signalé aussi en Chine, au Yunnan. Cette jolie Mousse fait partie d'un groupe de 17 espèces, considéré comme genre distinct (*Bartramidula*) par la plupart des bryologues actuels, et dont tous les autres représentants vivent dans les régions tropicales et subtropicales de l'Asie, de l'Amérique centrale et méridionale, de l'Afrique australe et de l'Océanie (1). Rappelons ici que la flore britannique possède également deux types tropicaux de Fougères (*Hymenophyllum* et *Trichomanes*).

Conclusions

Il est évident que la flore bryologique des îles britanniques et celle de l'Europe occidentale ont une origine commune. Lorsque, au Pléistocène récent, des glaciers couvraient encore une partie des îles, la flore britannique présentait certainement un cachet boréal beaucoup plus nettement accusé que de nos jours, et peut-être les quelques espèces arctiques actuellement connues dans l'archipel anglais (*Dicranum molle* Wils., *Œdipodium Griffithianum* Schw., *Tetraplodon Wormskjoldii* Ldb., *Splachnum vasculosum* L. et *Bryum purpurascens* B. S.) sont-elles des reliques de cette flore glaciaire ; mais elles peuvent provenir aussi de réintroductions postérieures.

D'autre part, il est certain que ce n'est qu'après la disparition des derniers glaciers, à la fin du quaternaire, que l'élément méditerranéen a pu s'introduire dans les îles. Les courants atmosphériques ont été sans doute le facteur principal de cette invasion. Il n'est pas douteux, en effet, que des germes aussi ténus que les spores des Mousses, qui ne mesurent que quelques centièmes de millimètre de diamètre, puissent être transportés par les vents à d'énormes distances, ce qui explique la très large dispersion d'un grand nombre d'espèces ; et cette action ne cesse de s'exercer, rendant toujours possibles les cas de nouvelles introductions.

Mais le vent n'est pas le seul facteur de la diffusion des Mousses. Je suis persuadé que les oiseaux migrateurs ont beaucoup plus d'influence qu'on ne l'admet généralement sur la distribution des espèces végétales. Les observations de DARWIN et de LYELL, confirmées par celles, plus récentes,

1. Plus singulière encore est la distribution du genre *Glyphomitrium*, qui, en plus de deux espèces boréales, l'une subendémique dans le domaine britannique, l'autre canadienne, possède un représentant à Ceylan, et trois autres en Extrême-Orient (Chine et Japon); mais ce genre ne semble pas exister dans le domaine macaronésique.

du zoologiste DE GUERNE, ont montré que les semences de beaucoup de plantes supérieures, et même les œufs de certaines espèces animales, peuvent être transportés à de très grandes distances par la terre ou la vase adhérant aux pattes et au plumage des oiseaux, fait qui doit se produire plus facilement et avec plus de fréquence encore lorsqu'il s'agit de germes aussi peu volumineux que des spores ou des propagules de Mousses. Or, on sait que certains petits Echassiers, du groupe des Chevaliers, des Bécassines et des Pluviers, qui nichent, durant notre été septentrional, sur les rives de l'Océan arctique, dans le nord des continents eurasiatique et américain, émigrent annuellement jusqu'en Nouvelle Zélande et dans les régions australes de l'Amérique du Sud.

Il y a plus de vingt ans que j'ai attiré sur ce point l'attention des bryologues, en montrant que ce n'est guère que par l'intervention de ces oiseaux migrateurs que l'on peut expliquer certains faits de distribution des Mousses dans les régions australes et antarctiques (1) ; et je pense qu'il faut également attribuer à ce facteur la présence si singulière de plusieurs types tropicaux dans la flore bryologique britannique.

Il est par contre impossible de rattacher aux migrations animales l'existence d'un assez grand nombre de Mousses de l'Europe occidentale et méditerranéenne sur la côte du Pacifique, dans l'Amérique du Nord, alors qu'elles paraissent bien faire totalement défaut sur le versant atlantique. C'est là un des problèmes les plus troublants de la phytogéographie. Il ne semble guère possible non plus d'expliquer ce fait par l'action des courants atmosphériques. On peut se demander s'il ne faut pas considérer ces plantes comme les restes d'une flore tempérée qui aurait joui, à une certaine époque, d'une très large extension dans tout l'hémisphère boréal, puis aurait disparu des régions orientales du continent américain, par suite d'un refroidissement du climat local, peut être dû à une modification du régime des courants marins.

1. Cfr. La Flore bryologique des Terres magellaniques, de la Géorgie du Sud et de l'Antarctide, 1908.

Concerning the History of the British flora

By

A. J. WILMOTT, F. L. S.

The relation of the Flora of the British Isles to those of Europe and America is obscured by the insuffiency of our knowledge of the past history of the Islands during the Quaternary Ice Age. Geologists have indicated such an enormous glaciation in the British Isles that it has become the prevailing opinion that « the botanist cannot but assume that survival under the rigorous conditions... was impossible for most or probably all the plants [of the « Southern element »] under consideration... at present I see no way out of the conclusions at which Mr Reid [1911], and many years before him, Professor Engler [1879 : 175] have arrived » (Stapf 1914 : 510). Reid's view (1911 *b* : 574) was that in considering the origin of the British Flora « we have merely to account for the incoming of our existing flora after an earlier assemblage had been swept away almost as completely and effectually as the celebrated volcanic eruption wiped out the plants of Krakatao ». Moss (1914 : 95) says ; — « Many authorities believe that the flora and vegetation of this country was completely or almost completely wiped out... and it seems to us reasonable ». Boulger (1921 : 56) and others accept this view.

On the other hand, Praeger and Scharff, who have specially contemplated the distributions of certain species occurring in the South-west of Ireland, hold to the view originally taken by Forbes, that these species are survivals in Ireland of the preglacial flora. The evidence from plant distribution has always appeared to me to be so strongly against the « extinction » theory that I have long felt the need of discovering some method by which one can harmonise the existence of the plants in their present habitats with the geological evidence of great glaciation. The ice *was* there, but the plants with definitely « relict » type of distribution *are* there and while the supposition of extinction is only a deduction, the existence of the plants is a fact. It seems more likely that there is some unsound inference, or deduction, from the geological facts, than that so many apparent relics are peculiar cases of accidental post-glacial introduction.

After having written most of this essay, I was referred to the meteoroogical theory of Simpson described later in this article, which, ascribing glaciation to an increase in solar radiation, with concomitant increase in mean annual temperature of the earth, appears to provide a sound basis for a settlement of the conflict.

I wish to thank my geologist colleague, Mr H. D. Thomas, for referring me to recent geological literature bearing on the problem, and for reading over the finished paper.

a. The Geological Evidence.

There is no need in this account to give numerous details concerning the glaciation of the British Isles, since most of the available evidence has been so well brought together by Wright (1914), whose work must be read by any student of this subject. His map (p. 49), showing the limits of glaciation in the British Isles, indicates an ice-sheet covering the whole of Ireland (except for a ? in north Kerry), and practically the whole of Great Britain north of a line from the Bristol Channel to the Thames. There is evidence of Arctic species in southern England, e. g. *Salix polaris* Wahl.(1). In the Lea valley (Essex) and *Betula nana* in the Teign valley(South Devon) (Reid 1911 : 59). There is the evidence of Arctic conditions in Scotland, found by Lewis in his studies of Scottish peat ; and Erdtman (1928 etc.), studying the pollen-contents of peats, indicates a Tundra period in many localities in England and Ireland. It is consequently assumed that nothing but Arctic Tundra can have survived in the unglaciated south of England, but I believe that there is no definite evidence justifying such an assumption. The following points should be considered before accepting such a conclusion as inevitable.

The map given by Wright must not be taken at its face value. He (p. 66) admits that « the maps generally published showing the maximum glaciation of the British Isles are in all probability composite maps of many different maxima ». Since the glaciations probably depend on changes affecting the climate of the earth as a whole, it is probable that the four periods of glaciation known in the Alps, with the three corresponding interglacial periods, had some counterparts in the British Isles. There is some evidence of this, although it is not yet possible to make any exact correlations. The maximum glaciation was early, the later glaciation was less severe. There was a warm interglacial period when *Acer monspessulanum* L. grew in Hampshire and Sussex. It could probably be argued that southern species entering Ireland during such a warm period were not again exposed to such an extreme glaciation as the earlier period. It is

1. For British species, when no authority is cited, the nomenclature is that of Babington's *Manual of British Botany*, ed. X : 1922. In other cases, the authority is inserted with the first mention of a species.

just possible that the heaviness of the early glaciation in Ireland *may* have been due to Greenland being then nearer than at the time of the later glaciations, since there are other indications that the suggested « westerly drift » of America from Europe, if it occurred, took place, or continued, at about that time or not long before. It is probable that there was more unglaciated area during the later glaciation than the map indicates.

The researches of Charlesworth (1928) and Marr (1917) have added very materially to our knowledge since Wright's book appeared. Charlesworth gives evidence of two periods of glaciation in Ireland. The earlier has not been studied in detail, and it is not yet possible for me to say whether much, or any, of the existing land was ice free during this early glaciation. Since it is possible that at this time Ireland extended further to the west than now, there may have existed ice-free land even if the present area were completely glaciated. The second period, however, produced a less heavy glaciation, which left large areas free in the south, and in the Kerry mountains only yielded local glaciers. Charlesworth is inclined to think that there was post-glacial land connexion with Britain, but points out that that part of the fauna which apparently immigrated after the maximum of early glaciation, may have crossed the ice occupying the Irish sea Marr finds in East Anglia evidence of four cold periods, the Scandinavian glacier of the first period only just reaching the north of Norfolk, the second glaciation being responsible for the mass of East Anglian boulder clay.

How these periods are to be correlated with the four periods in the Alps is not yet quite clear. Charlesworth considers the second Irish period was of « Wurm » date. His evidence indicates one main period of readvance during the retreat of this ice, and I would suggest that if Simpson's theory, explained later, be accepted, the first half of the second Irish glaciation might be Riss and the readvance Wurm. Of Marr's correlation of the East Anglian periods should prove correct, viz. that the boulder clay was of Mindel period, the glaciation in East Anglia is entirely of the first phase (Simpson's first period of increased radiation), the second phase being in East Anglia, as in Ireland, less severe.

The ice-sheet was, moreover, not absolutely continuous. Considerable areas of the Pennines in the upper valleys of the Tees, Wear, and Tyne (Wright, p. 72-map) were never covered by ice, and the same is true for the Cleveland Hills in Yorkshire (p. 71). In this connexion it is noteworthy that in Upper Teesdale, the southernmost of the three valleys first mentioned, we find aggregated a number of species which are very rare in the British Isles. *Viola rupestris* and *Alsine stricta* occur there in extremely restricted habitats within a few yards of each other, and are not known elsewhere in the British Isles. *Myosotis alpestris* (in a few stations) has in the same district its only English habitats, as does *Gentiana verna*, which is at lower levels and more widespread. *Potentilla fruticosa* has its only station in Great Britain over some 300 yards of river gravel, and *Thlaspi*

« *silvestre* » (1) one of its few British stations a little farther down the river. On Cronkley Fell *Dryas octopetala* grows on the same rock as *Helianthemum canum*, the former known nowhere else in England, the latter in a very few isolated limestone habitats, e. g. Great Orme's Head (Carnarvonshire, where several other very rare species occur). About 200 plants of *Polygala uliginosa* may be found near by, the species occurring elsewhere in a few other spots in Yorkshire. *Senecio spathulaefolius* also occurs, but has I believe, never yet been seen in flower. Its only other station is in Ans glesea, again in company with other rarities. *Saxifraga Hirculus* has on- of its few English stations there. It is unnecessary to enlarge further. It ie to me impossible to suppose that any theory of immigration can explain the coming together of such an assemblage of unrelated rarities into such a small area. I can only assume that they are there because it was unglaciated during the glacial periods. Some, perhaps all, of the species mentioned, can in other parts of Europe be today found in flower in close proximity to mountain ice and snow, and I cannot escape the conclusion that they survived the glaciation in the locality. If this were so, in spite of all the ice, the climatic conditions could not have been so rigorous as has been postulated.

Fernald (1925) has given reasons for believing that numerous species survived the glaciation in boreal North America. They are found espes cially on the flat-topped mountains which were never glaciated. If hiargument be sound, we might expect to find similar relict species confined to similar flat-topped mountains in the British Isles, such as Ingleboro' in Yorkshire and Ben Bulben in Sligo. On the former we find *Arenaria gothica* (and there are two independent but unconfirmed records of *Hutchinsia alpina* (L.) R. Br., and on the latter *Arenaria ciliata* (the only locality in the British Isles), *Polygala vulgaris* var. *Ballii* (Nym.) Ostenf. (elsewhere only known in the Faroë Islands, which may be an interesting fact from the point of view of Forrest's theory that the early Ice sheet came from this direction), and a peculiar form of *Thalictrum minus*. With the exception of the last mentioned, these are boreal plants, but they may help to prove that the flora was not completely exterminated by the glaciation.

There are other reasons for supposing that the climate was less severe than in the Baltic area. In the first place we may assume that these islands then, as now, benefited from the ameliorating effect of the neighbouring Atlantic Ocean ; if Simpson's theory be correct, this effect would have been more pronounced then than now. In the second place it is clear that the climate was sufficient to melt the ice in the south in a way that the more continental European climate could not do. Further, all the localities in the south of England investigated by Erdtman (1922 : 127 etc.) for their pollen record, appear to show *Quercus* pollen throughout. Further investi-

1. This is not identical with Jordan's plant, nor are the *T.* « *occitanicum* » and *T. virens* of Britain the same as the continental forms.

gation on these lines is required, but I am not yet completely satisfied by the arguments from this pollen evidence. I should assume that the *mass* of the pollen preserved in any peat came from the plants of the immediate vicinity, and I require some kind of evidence that at least part of the changes in the pollen diagrams of peats does not merely indicate succession phases of the local vegetation rather than climatic phases of the environment. The « Atlantic period » exists today in the west of Ireland and in Cornwall, at the same time as the « *Quercus* period » exists in southern England, and the « *Betula* » and « *Pinus* » periods exist in Scotland. Even if the evidence is sound in Scandinavia, I do not feel at all certain that it may not be very dangerous to attempt to apply Scandinavian results direct to the more « Atlantic » British Isles. I wish to emphasise that the presence of real Tundra in the south of England has yet to be proved. Evidence obtained from Scottish peat cannot be regarded as any evidence of conditions in the south of England.

Even if some peat in the south of England provided only *Betula* and *Pinus* pollen, it would not necessarily prove the existence of any such period there. I suspect that most of the modern peat on the Bagshot sand heaths would do the same. Even if there were no tree pollen at all it would not prove the presence of Tundra. Caithness today is beyond the northern tree-limit in the British Isles, but it has a very considerable flora, in spite of the fact that in winter it is generally buried under several feet of snow (1).

The evidence of plant remains other than pollen is also not so strong as has been stated. The fragments of Arctic species (e. g. *Salix polaris*), found in East Anglia nearly down to the Thames, *are* fragments — fruits, leaves, (usually very small), but no large pieces that I have seen. Geikie considered them derived and I am not aware that there is evidence to show that they could not have been brought by the ice from the Pennines or other more inclement spot where it grew. I do not know sufficient of the requirements of *Salix polaris* to say what conditions its presence definitely proves. But associated with it in the same beds are numerous species common throughout the British Isles today. The *Betula nana* in the Teign valley may merely be due to the influence of neighbouring Dartmoor. As regards *Salix polaris*, the one definitely arctic species involved, I am convinced that the determination is sometimes certainly wrong. It was difficult, in some cases, to determine recent specimens from Spitsbergen, and, after examining our small series at the British Museum, I do not think that the determinations of some of these fossil *Salix* fragments should be quite so definite as they are. I have seen no British *S. polaris*. To me this evidence does not indicate the extermination of the lora, but rather the reverse.

1. A similar confusion probably may arise concerning Palaeolithic and Neolithic « periods ». There are races living today that are not far removed from Neolithic culture. I therefore see no reason to suppose that Palaeolithic man was extinct

I do not consider that the records compiled by Reid (1911 *a*) gives evidence of the rigorous Arctic conditions which he assumes. The only southern England deposits, whose remains are listed by him, not containing remains of *Quercus*, are the following :

1. Devon : Bovey Tracey (p. 59) containing *Betula nana* and *Arctostaphylos Uva-ursi*, but also containing *Betula alba*, *Pinus*, and *Salix cinerea*. This does not indicate Arctic climate. The remains are in clay, so the *B. nana* and *Arctostaphylos* may have been washed down from Dartmoor.

2. Middlesex : *a*) Twickenham (p. 93), where in a silted channel occur remains of Reindeer and Bison (also Horse), with *Galeopsis Tetrahit* and other species common in Britain today.

   b) Endsleigh St, London (p. 67), with remains of Mammoth, but also with widespread British plants. Of these, *Carex dioica* is the only one which might not grow there today, if London were removed. Since the remains are seeds, this could have been brought in the ice and washed further by water.

   c) Admiralty Offices, London (p. 54), with remains of Mammoth and *Betula nana*. Most of the plants were in undeterminable condition, which indicates that they may have travelled far.

Even further to the north, his evidence from East Anglia scarcely indicates Arctic climate. *Quercus* or *Fraxinus* (or *Crataegus*) is present in all cases except in Norfolk (pp. 58, 82, 83) — to which area it is known that the Scandinavian glacier reached during the first glacial phase, — and in Suffolk at Hoxne (p. 77). At Hoxne there is an « Arctic bed », but all the other remains are of ordinary British present day species. This is really almost the sole evidence of « Arctic conditions » and « rigorous Arctic climate » in southern England.

Of these East Anglian remains Goodchild writes (1902 : 236) — « the evidence mainly consists of the decomposed remains of twigs, leaves and seeds — most of them too obscure to enable anyone to make out anything of value regarding their botanical position ». If the remains have travelled far, or are derived, it is clear that they offer little evidence of climate in the south of England.

Lewis's evidence (1907) from the Scottish peat is equally unconvincing. His evidence of very severe climate is not only not strong, but is definitely weak. He finds evidence of two « Arctic » periods, thus confirming the geological evidence of two phases or periods of glaciation. Of the first period, remains only occur in the Hebrides and in Shetland, but it is possible that in other places the peat beds have been removed by glaciation

in Neolithic times, and consequently no special difficulties arising from the finding of his remains in apparently late deposits.

or by denudation during the « pluvial » periods, of which (in unknowing support of Simpson's theory) he finds evidence. But his « Arctic peat » is not really Arctic. He has no *Salix polaris*, although there is evidence (on Reid's determinations) of this species in some silts in east Scotland. There is no *Diapensia lapponica* L., common in similar beds in Scandinavia. *Salix polaris* is therefore the only really arctic species ever recorded for the British isles which does not grow here today. Further, Lewis seems puzzled to find that his peats do not indicate the severe climate which he, like others, is convinced that they should indicate. He says (p. 312) : « It is quite evident that the climate of that period allowed a fairly lengthy period for the flowering and ripening of the seeds of these aquatic plants. In fact the flora indicates a wet, cold climate, rather than conditions with an arctic temperature ». On my opinion they indicate cold water in the peat, but not necessarily very cold climate. One interesting point of his work is to show that there was apparently no *Pinus silvestris* in Scotland in early glacial times (p. 315).

To sum up the position concerning the climate of the British Isles during glaciation, it may be said that : — 1) there is apparently no definite evidence of either widespread Arctic climate or Arctic Tundra, but rather the contrary evidence of widespread of remains of numerous non-artic species ; 2) the climate in the ice-bound areas was no doubt nore severe than at present, but in the ice-free and southern areas it is uncertain what (especially in summer) would be the result of a conflict between a possibly warmer atlantic climate and the cooling effect of the neighbouring ice.

b. Simpson's theory of the cause of glaciation.

Simpson (1929) suggests that the glacial periods were due to periods of increased solar radiation upon the earth. His paper should be read as his argument is very interesting, and only a brief statement of it can be given here.

The first effect of increased insolation is to make the surface of the earth warmer, but the next effect is the formation of increased cloud, the atmosphere becoming more humid. The loss of heat from the earth is relatively uniform over its surface, whereas the increase in warmth is greatest near the equator, this equatorial excess being carried towards the poles chiefly by winds. The result is a great increase in precipitation, which towards the poles falls in winter as snow. At first this snow accumulates faster than the summer warmth can melt it, although the mean annual temperature of the earth has increased. As the insolation increases the summer melting gradually overtakes, and then overbalances, the winter accumulation, and when this point has been reached the snow rapidly disappears and a period of warm (humid) climate sets in. When the period of decreasing insolation begins the sequence is reversed, and a second glaciation follows the warm « interglacial» period.

As the insolation falls to its minimum the humidity and cloud diminishes — the transference of heat from equator to poles being diminished — and a period of *dry* cold sets in. This is not a glacial period, because the decrease in precipitation does not lead to snow, but to hard frost.

Simpson gives a diagram (p. 28, fig. 7) showing the consequences of two periods of increased insolation separated by one of decreased insolation, and it so exactly coincides with the Penck-Bruckner diagram (p. 31, fig. 8) of the glaciations in the Alps that, to use his words (p. 30) « I feel justified in adding to my diagram the names Gunz, Mindel, Riss, and Wurm to the four maxima of glaciation and to describe the intervals between them as interglacial periods ».

If we accept this theory — and after his exposition of the inadequacy of other theories its simplicity is very attractive — it appears probable that many of the problems connected with the Quaternary Ice Age will find a simple solution, at least so far as British botanists are concerned. For the glacial periods were not periods of general colder climate, but of warmer humid climate such as our « Atlantic » plants require, and there is no difficulty in supposing that they survived in the south-west so long as the southern parts of the islands were ice-free.

Though Simpson does not mention the problem of the « Loess period », it is clear that his theory affords a simple solution of this also, both of its existence and of why there was only a single period. The Loess is a product of dry frost, the superficial layers of exposed earth being pulverised by the alternating nightly freezing and mid-day melting. The powdered surface is removed by the wind and deposited as Loess (1). The Loess period ther fore corresponds with his single dry cold interglacial period.

If we accept this theory, the presence only of two phases of glaciation in parts of Britain may be explained in the following way. In the Alps, the more southerly latitude permitted the warmth of the maximum insolation to remove the ice completely. In the west of the British Isles, either the nearness to the Atlantic, or the reduced summer warmth, caused the ice to be of such mass that the insolation maximum was sufficient merely to cause a retreat. The waning insolation would then cause a period of readvance, such as the geologists find. In East Anglia, with its dryer climate, there might still be four distinct cold periods.

c. Changes in land surface and connexions with France.

Two factors may have combined during glaciation to increase the land area in the southern parts of the British Isles. Tilting caused by the weight of ice in the north appears to have operated in a line from east of north

1. In the dry cold spell of 1928-1929, the break-up of the frost left nearly a quarter of an inch of finely comminuted earth on the bare ground behind the Natural History Museum. Watching the eddies of wind picking this up, I considered that it was probably an illustration of the method of Loess formation.

to west of south. This would produce a maximum effect in the southwest of Ireland. Since it has been shown that the glaciation in Kerry was only a local glaciation caused by the Kerry mountains, and was insufficient to reach the present sea coast except at a few places, — the glaciers on the south and west sides of the mountains being confined to the corries and high valleys (Charlesworth 1928 : 302) — this effect would provide an ice-free coastal strip of land where Atlantic species could have survived. The second factor is the lowering of the sea-level due to the removal from the ocean of the water from which the accumulations of snow and ice were formed. This effect has even been estimated at so high a figure as 300 ft, but if we err on the side of caution and postulate land emergence to a height of 150 feet, a very considerable extension of land surface would be provided for the survival of plants in the south.

That such land emergence occurred is certain : the river channels have in some cases been traced below the present sea, and submerged forests are found in many places along the coasts. Land connexion with the continent may have been established or re-established during each glacial period and have continued for a short time afterwards while the land recovered from the tilting.

The Scandinavian flora is considered to have crossed such an immediately post-glacial land bridge, connecting Jutland and southern Sweden, at a time when the climate was more clement that it is today. Those who believe in the extinction of the British flora by the glaciation are probably on safe gound in postulating similar post-glacial land connection with France, across which a flora could have re-immigrated. Chevalier (1923 : 611), considering the number of species which reach the north of France without reaching England, infers that the northward migration was not completed before the land connection was finally destroyed. This might well have been the case, but the species concerned require detailed study before such a view can be definitely accepted, since the rather more southerly latitude of northern France may be sufficient to cause the differences in the Floras. *Teucrium chamaedrys*, *T. Botrys*, *Seseli Libanotis* to mention just a few instances, are widespread in northern France, but occur in England in a few isolated stations from which they do not spread. One may presume that the reason for this is to be sought in climatic differences on the two sides of the channel, and if this be so, the absence of the other species may be due to the same effect.

Chevalier (1923 : 600) suggests that geologists would probably agree to a postulate of connexion between North-western France (and its westward extensions) and both Ireland and England up to the later periods of glaciation. This seems very doubtful, on account of the preglacial raised beach that extends along both sides of the channel about 10 feet above the present beach. Whether the straits of Dover were then in existence is another matter more difficult to determine, but as the beach occurs in Sussex and at Calais, any immediately preglacial connection must have been very narrow. Such a connection no doubt originally existed, since the series of chalk downs in Southern England and Northern France have a common origin in the Tertiary thrusts that threw up the Alpine massif.

Wright (p. 91), discussing the preglacial submerged forest beds, says : « it is a very generally accepted view that the Straits of Dover were not then opened, and that the Norfolk Forest-bed formed a portion of the estuarine deposit of the Rhine ».

It has been suggested that the opening of the Straits was effected during the rapid melting of Alpine ice at a time when the North Sea was blocked by ice, the swollen Rhine escaping over the col and cutting the channel. It is possible that with a more precise correlation of the glaciations of Europe and fixation of the time of immigration of Lusitanian marine species into the Baltic basin, it may be possible to fix the date of opening in relation to the British glaciations. But even when the straits had once been opened, the two factors mentioned above may have combined to re-establish a temporary connection.

Wright (p. 282) says that « it is necessary to assume a connexion between England and France as late as the Madgalenien [i. e. later than the Wurm maximum]... The Straits of Dover may not have been cut until then, but, on the other hand, the connexion may have been only an intermittent one due to changes in sea level ». It is clear that we can at present reasonably assume a narrow land bridge, possibly permanent in early glacial times, and at least temporarily existent in late glacial and immediately post-glacial times. That there was no connexion with Ireland such as Chevalier postulated appears certain from the absence there of certain mammals, e. g. the Brown Hare, and the plant distribution supports the zoological evidence. The same evidence shows that there was at least temporary connexion with the continent after Ireland had been finally cut off from England (1). That the land bridge did not extend far to the west in England is indicated by the fact that *Fumaria purpurea* Pugsl., our only widespread endemic species, occurs in the western parts of the British Isles from Cornwall to the Orkneys (being also widespread in Ireland), without reaching the continent. Like the other large-flowered Fumitories, it prefers Old Red Sandstone soils, and presumably had not extended so far eastward as the land bridge. There appears to be suitable ground in Brittany where it could grow if it reached there.

1. The marine shells, which may have been scoured from the northern Irish Sea during, probably, the first periods of British glaciation, may indicate that Ireland was already at that time cut off from England, its flora in that case being essentially composed of those elements of its preglacial flora that survived the Ice Age, and its poverty being due to that fact.

The British Phanerogamic Flora.

The following account of the British Flora is limited to that part of it with which I am personally familiar, viz. the Phanerogams. An account of the distribution of Hepatics in Scotland has been given by Macvicar (1910), but so far as I am aware, no thorough attempt has been made to analyse the other British classes of Cryptogams.

The Flora of the British Isles is very poor. I have already (1927 : 298) remarked how strongly this is impressed upon a British botanist travelling southward in June, and Chevalier (1923 : 598) remarks that Normandy has almost as large a flora as the British Isles. It is true that his number 1450 is taken from Watson's Topographical Botany, whereas the latest edition of the London Catalogue includes 2328 Vascular plants, but the latter number is much swollen by the inclusion of many adventive species, 120 *Rubi*, 247 *Hieracia*, etc. There is no doubt that the flora *is* very poor : that is the main fact, and we may safely attribute it to the effect of the Glacial period.

That the numerical estimates of the British and other floras are so variable is one of the difficulties encountered in making comparisons. A more serious difficulty lies in the absence of a good modern account of the British flora. This leads to plants being placed in wrong categories because they have not recently been critically examined, or, if errors of identification have been discovered, such corrections are not generally available.

For exemple, Boulger, writing in 1920, refers to *Pulmonaria angustifolia* as being « Central European or Germanic », under the impression that the British plant is *P. azurea* Bess., whereas it is *P. longifolia* (Bast.) Kern. which is an « Atlantic » species. He similarly attributes to the British *Buplearum opacum* Lange the distribution of *B. aristatum* Bartl., and Chevalier (1923 : 614, 622) includes both of these as British in two different lists. Similarly there is no *Viola epipsila* Ledeb. (Scandinavia etc.) in the British Isles : the British plant may be the Lusitanian *V. Juressi* K. Wein, or may be merely a western form of *V. palustris* identical with the form found in the Spanish Peninsula. The *Salvia Marquandii* Druce « endemic » in the Channel Islands, appears to be merely a form of *S. oblongata* Vahl. *Hieracia* which have been given names of Scandinavian forms were often not definitely identified by Dahlstedt, who said merely « aff. *H*... », and the genus is not yet sufficiently known for any data of distribution to be thoroughly reliable : it appears probable that even in the British Isles several different forms are sometimes included under the same name. *Euphrasia* has recently been revised by Mr Pugsley, and his work is in the press. He finds, among other things, that the commonest British species, which had been identified as *E. Rostkoviana* Hayne, is not that species but is an endemic, although we also have the true *E. Rostkoviana* as a rare plant.

Enough evidence has been given to show that analytical comparisons should not be made without critical systematic studies. The acceptance of the same name as meaning the same plant without any attempt to investigate each peculiar case upon which evidence is based, is one of the fundamental weaknesses of the theories advanced by users of statistical methods.

The British Flora was first analysed by Watson in 1835, when he first summarised his work of the distribution of British plants. He then classified the species into seven types of distribution, but since he was considering merely the distribution within Great Britain, his classification was considerably artificial. Forbes (1846), following the discovery of evidence indicating previous land submergence and glacial climate in the British Isles, developed Watson's analysis with the inclusion of Ireland, reducing the types of distribution to « five well-marked floras », which he related to continental floras. He considered these five floras to be related to five epochs of migration, and thought that the peculiar species of what is now called the « Atlantic » element, survived the glacial period on a westward extension of land surface. This extension had to be postulated, since his geological theory involved a land submergence sufficient to drown most species in an Arctic sea.

In 1847 Watson retained his seven « types » largely unaltered, but changed the last, his « Hebridean », into a « Local » type which included all the very restricted species whose area was insufficient to enable them to be placed in his other groups, although, as he points out, sometimes such local species can be referred to their proper type. He regarded Forbes's work as a plagiarism of his own, and rightly pointed out that Forbes's « Armorican » and « Asturian » groups were essentially the same, both forming part of his own « Atlantic » type. His seven types were :

i. British — generally distributed, without any prevalence which would bring them clearly into any other type. This type includes all the common and widespread species.
ii. English — chiefly in England, and definitely more restricted northwards, even if they extended some distance, or far, into Scotland.
iii. Scottish — the opposite of ii, — either restricted to Scotland, or increasingly rare as they occurred southward into England.
iv. Highland — more intensely boreal than iii, occurring high on mountains (except in the extreme north).
v. Germanic — definitely eastern in the British Isles, some restricted to the S. E., but all diminishing both to north and west.
vi. Atlantic — the opposite of v., western, diminishing to north and east.
vii. Local — very restricted.

Moss (1914) points out that analysis of the Flora should take into account the ecological habitat of the various species. This is undoubtedly true, but time has not permitted any such more thorough analysis for the present paper. Watson's types must therefore form the basis of the present account. Watson estimated that about two-fifths of the flora was of British type, one-fifth English, perhaps one-twentieth Scottish, one-fifteenth (c. 100 species) Highland, leaving three-tenths in the remaining types.

Before considering them in more detail, it must again be emphasised that such an insular analysis cannot, as it stands, lead to a proper understanding of the relations of the British Flora to that of the rest of the world. Stapf (1914 : 512) shows that about 9 % of the Flora may be regarded as a « Southern element », which is absent from Central Europe, and which includes an « Atlantic » element confined to the western parts of Europe, and a « Mediterranean » element composed of species not merely Atlantic but extended further eastward along the Mediterranean. Such a classification, although obviously more helpful, cuts across Watson's grouping, since the Southern element includes such « Scottish » species as *Saxifraga hypnoides* and such « Germanic » species as *Suaeda fruticosa.*

Watson's « *British* » type includes most of the very widespread species, many of them reaching Japan in the east and North America in the west. Whether they survived in the south of Britain during glaciation, or whether they were extirpated, they do not help us much in unravelling the history of the Flora, for being common species they could easily have migrated. To make a proper analysis of them would require considerable time and taxonomic work, ascertaining and verifying their exact distributions.

Watson's « *English* » type did not include only those species confined to England, but comprised many species which occur in southern Scotland, or even reach further north, but in all cases the species are predominantly English and are rarer northwards. Very many species reach to the Firths of Clyde and Forth but no further north, except sometimes along the coastal regions. They come up against the barrier of the Highlands and the changed climate dependent upon the existence of this barrier, and reach no further. Many of them are common species which give no clue to the history of the flora.

Matthews (1923) has made an analysis of the (about 266) species which are restricted to England and Wales, and considers (p. 282) that « the bulk of this English portion of our flora may have come through France, where over 90 % of it is centred. The dispersal *within* England is then very much what would be expected... The *mass* distribution suggests a general invasion and migration north-westwards ». But the zonation shown by his map (p. 283) could equally be due to climatic and geologic limiting factors, since the geological zonation follows roughly the same trend, and the rainfall and atmospheric humidity also have the same tendency. He quotes Sir J. D. Hooker to the effect that « The first step to tracing the progress of the creation of vegetation is to know the proportion in which groups appear in different localities, a relation which must be expressed in numbers to be at all tangible. » I consider such a method not only useless, but definitely misleading, if the units which form the basis of the statistic are diverse. That of 1377 species, 1925 occur in England, 1024 in Scotland, and 944 in Ireland, is complicated by the fact that « numerous species occur in Scotland or in Ireland which are absent from England ». This « diminution of the flora from the south-east, where it is concentrated, towards the north-west, where it is sparse », is certainly partly due merely to the increasing inclemency of the morthern climate. In the extreme north-east the tree limit at sea level has been entirely or almost passed, and such « Highland » plants as *Saussurea alpina* occur at sea-level. It is probable that even if the mass of the British Flora were exterminated by the glaciation, it nevertheless migrated over a temporary land bridge during the warm period which saw the disappearance of the ice (as that of Scandinavia is supposed to have crossed the Jutland-Sweden land bridge). These species have therefore had equal time to spread : the zonation shown by Matthews is not then due to « Age and Area », but to climate. The climate of this warm period was more favourable to vegetation that the present one. *Corylus Avellana* then occupied more northerly latitudes than it does today (cf. Wright 1914 : 432) : its existing area is *certainly* not determined by « Age », but by climate.

With statistical methods of approach to this and similar problems, such as those adopted by Willis in his works on « Age and Area », I have little sympathy. To a taxonomist, it is evident that while some plants with restricted areas of distribution are probably of relatively recent origin, others, and perhaps the majority, are ancient relicts, and fossil evidence in some cases exists to prove a previously greater area of distribution. Species may have small areas at birth, but they have equally small areas at death, and the Age and Area hypothesis practically ignores the old age of species. It is always necessary to distinguish the youth phase from the senile phase, and it is clear that a local distribution in isolated stations indicates decay and age, not youth. Where several unrelated local species grow together in a habitat and are absent from other apparently similar habitats, we are clearly dealing with peculiarities of earth history, independent of the species concerned and their periods of immigration. In such statistical studies, species with obviously different types of distribution and probable histories are jumbled together into tabular or other general statements, regardless of their physiological characteristics and ecological demands, which must, far more than the mere question of age, be the important factors controlling their present and past areas. Moreover, so far as I am aware, it has never been pointed out that the origin of Willis's theory was connected with a fundamental error concerning the action of Natural Selection. He says (1916 : 438) — « natural selection cannot be responsible for the actual distribution. *Being of differentiating nature*, it... ». Natural Selection is not a differentiation force, it is a unifying force. It is isolation that is the differentiation force, and isolation is connected with the history of the earth rather than with the age of species.

This criticism has been given because Matthews has attempted to explain the distribution of certain species in the British Isles in terms of the theory of Age and Area, and I can neither accept his method, nor his conclusions, in spite of the fact that he has made a serious attempt to disentangle the various factors which would modify the operation of « Age and Area ».

Good (1928) has compared the floras of Kent and the Pas de Calais, giving lists of species which occur in one but not in the other. Of 54 species in the Kent list, 19 are more or less widely distributed in England and 27 more especially or entirely restricted to the south, south-west, or south-east. 21 of them are, in France, plants especially or entirely of the west and/or south. 13 occur in Stapf's lists (1914) of the « southern » element, and 4 of these are of the « atlantic » element. Of 88 species in the Pas de Calais list, 50 are not native anywhere in the British Isles, although the majority of these are widespread on the continent. This would, at first sight, appear to support Chevalier's suggestion that the land connexion ceased before the main post-glacial migration ended. On the other hand there remain 38 species which are native in the British Isles, and some of these, if they were post-glacial immigrants over the bridge, might reasonably be expected to have remained in Kent, c. g. *Bupleurum falcatum*, which occurs in Sussex, *Teucrium Scordium*, which occurs in several widely scattered localities, *Carum Bulbocastanum*, which occurs on East Anglian and other chalk, and so on. It seems clear to me that conclusions drawn from the mere numbers cannot be relied upon, and that the distribution and ecological habitat of each species requires detailed study before reliable data will be obtained. The probable explanation of the presence and absence of each species must be ascertained before such lists can be satisfactorily analysed and their meaning elucidated. Good's analysis brings out the many difficulties encountered when analysis is attempted. He concludes (p. 263) that « all but perhaps a very minute proportion of the striking differences between the floras of Kent and Pas de Calais is due to... the differences in external conditions in the two regions, and not to lack of dispersal. » I would observe that, in the main, the one area is on the northern side of the valley with a southern aspect, while the other is on the southern side with a northern aspect; also that the prevailing south-westerly Atlantic winds reach Kent across the sea and the Pas de Calais across the land.

The peculiarities of distribution of some species of the « English » type are difficult to explain. Although the distribution of the belts of chalk, entirely south-east of a line drawn from southern Yorkshire to Dorset, explains the restriction of many species to the south-east of England (and certainly is partly responsible for the shading on the map drawn by Matthews 1923 : 283), species are very unevenly distributed on the chalk. *Anemone Pulsatilla*, *Astragalus danicus*, *Calamintha Nepeta*, locally abundant in places north of the Thames, are absent in the extreme south-east, and *Polygala calcarea*, widespread on the southern chalk, is practically absent on the more north-eastern and East-Anglian chalk, although there is an outlying record for it on limestone in Sutherlandshire. Is it possible that during glaciation some of these species migrated westwards and survived in the more westerly parts of the ranges ? Even this would not explain all the anomalies, which deserve further investigation.

Watson's « *Scottish* » type consists mainly of the montane species of the British Flora, although, considered in this light, various species would have to be added to and subtracted from it. The « *Highland* » type consists of the « Alpine » species confined to the higher mountains and extreme north of Scotland. The history of these two groups is probably similar, and they may be considered together. It seems preferable to call the latter type « Highland », since the term « Alpine » suggests connexion with the Flora of the Swiss Alps, and at this stage we have yet to determine whether they are more related to the Swiss or Scandinavian floras. Some have taken the one view, while others hold the contrary.

The first point to determine is whether they were extirpated by the maximum glaciation or no. Moss (1914) considers that « On the retreat of the ice northwards, the country was probably first taken possession of by Arctic-Alpine species... They doubtless spread northwards from certain non-glaciated areas of Southern Europe and central Asia, where they had existed throughout the Glacial Period... It is possible that (they) entered... by two distinct paths, one of which was southern — giving rise, for example, to the Teignmouth colony of the dwarf birch *(Betula nana)* — and one of which was northern... This period, when the whole of this country and even of central Europe was occupied by Arctic-Alpine species, is spoken of by Nehrung (1883 : 1890) as the Tundra Period. »

Such a view is surely as extreme as any reasonable theory of survival could be, and is certainty an excessive statement. In the first place, I have already remarked that there is no definite evidence of any such Tundra Period in southern England, and indeed no evidence even that *Quercus* was ever driven from the country. If the climate were damp, and much more so if it were Atlantic, as Simpsons's theory postulates, the tree limit could even be higher than the snow line, which was by Penck and Bruckner placed at 800 metres in southern England (Stomps 1923 : 323). I consider it probable that many mountain species are more dependent upon the atmospheric humidity which they obtain than upon a low temperature, and that this is the simple explanation of why such species as *Dryas octopetala* and *Gentiana verna* occur with southern species at sea level in the west of Ireland, where, in some places, the air is so continuously humid that, *Hymenophyllum* can be found among the *Calluna*.

A comparison of these elements with the floras of Scandinavia and Switzerland makes it quite clear that they are of Scandinavian affinity and not Swiss, and for that reason I prefer to use the terms « montane » and « Highland » for them. Nearly all the British species occur both in Sweden and in Switzerland, but many only in the former country. Such are : — *Draba rupestris* (if this really exists outside the British Isles), *Arabis petraea*, *Subularia aquatica*, *Cerastium Edmondstonii*, *Alsine rubella*, *Sagina nivalis*, *Rubus Chamaemorus*, *Potentilla fruticosa*, *Alchemilla vulgaris* ssp. *filicaulis*, *connivens*, and *glomerulans*, *Saxifraga nivalis*, *S. rivularis*, *S. caespitosa*, *Cornus suecica*, *Erigeron borealis* (Vierh.) Simmons, *Phyllodoce coerulea*, *Primula scotica*, various *Rhinanthus* microspecies, *Lamium intermedium*, *Salix lanata*, *Luzula arcuata*, *Carex rigida*, *C. aquatilis*, *C. rariflora* and *Alopecurus alpinus*. There are on the other hand only one or two species that occur in Switzerland but not in Scandinavia.

The presence of Mammoth in the peat of the Dogger Bank (Stomps, Reid 1913 : 42, map on p. 40) indicates that the North Sea was not completely formed until during the glacial period, and that Britain had an eastward land connexion with the continent, which was occupied by the lower reaches of the Rhine. If this were so, such of our montane and Highland elements as were not already on our mountains, may have arrived by this route during glaciation. But the Highland element in our Flora is much poorer than the corresponding one in both Sweden and Switzerland, and today the flora of Tromso in Norway contains more than 50 species which do not occur in the British Isles. It therefore seems doubtful whether many species immigrated during the glaciation.

If one may hazard a speculation concerning the probable effect of the glacial periods on the floras, I would postulate that the increasing severity drove the plants not only southward, but westward, i. e., towards the more clement Atlantic climate. With the retreat, these species would migrate not only northward, but eastward. In this way Scandinavian species could perhaps first cross to northern Germany and thence pass to France, whence they might later enter England across the post-glacial land connexion. Carpathian and Silesian alpine species could cross into Sweden, where indeed they are numerous, but would not reach Britain, where they are absent. The interchange between Scandinavia and the Alps would explain why so many species are common to both areas, but the great numbers that are restricted to one or other, indicate that conditions, or topography, were never such that the masses of these « alpine » elements either migrated or were extirpated. The relative poverty of the northern floras may be partly due to greater extirpation caused by more severe climate, or may indicate that only a small proportion was able to migrate northward. The species absent from Switzerland presumably (mostly at least) never reached there, and therefore survived further to the north, unless they migrated from the east. That there was some such eastward migration, the flora of the Carpathians shows (Domin 1922 : 62). But in any case, Moss's statement is extreme, and is not borne out by plant distribution. Until more is known of the topographical and climatic conditions of these Islands during glaciation, it may be difficult further to elucidate the history of these elements, but certainly their connexion is with Scandinavia and not with Central Europe.

Watson's « *Germanic* » type includes several different categories. It includes species peculiar to the chalk ranges confined to the southeastern half of England, such as *Anemone Pulsatilla*, *Aceras anthropophora* and, *Ophrys aranifera*. An analysis of the species peculiar to the chalk should be the subject of a separate study. Most of them occur in Northern France, and their occurrence here may easily be due either to survival on the ranges of southern England, even if exterminated further north, or tó immigration across the land bridge, which would contain exposures of chalk. Good's comparison of the Floras of Kent and the Pas de Calais has already been noted.

The « Germanic » type also includes all those species sometimes regarded as a « Steppe element », mainly locally distributed in East Anglia, such as *Silene Otites*, *Holosteum umbellatum*, *Medicago falcata*, *Artemisia campestris*, *Veronica verna* and *V. triphyllos*. They are plants of light sandy soils, and if they reached us during the dry interglacial (« Loess ») period, may have survived the later glaciation in places not covered by the ice. It is not certain that there was glaciation in East Anglia during the subsequent periods. They may even have survived the earlier glaciation, if they were already here, since the ice in the first phase only just reached the north of Norfolk, and there were probable, some ice free areas in East Anglia during the second (maximum) phase. But being widespread species in general, they may have re-immigrated. If they re-immigrated there is no obvious explanation of their local distribution, but if they survived glaciation in a few available localities, their restriction may be due to that fact, coupled with the relative dryness of the climate of the south-east of England.

So much of the British Flora of immediately preglacial times appears to have been the same as the present Flora that preglacial East Anglia may have harboured these species on well drained soils if it then, as now, had a low rainfall. It would, however, probably be safer to presume that the cold dry interglacial period, producing widespread conditions suitable for such species, caused a wave of them to sweep eastwards over Europe, and fling a small sprinkling to its westwards limits in East Anglia and suitable localities in France. *Silene Otites*, *Scleranthus perennis*, *Artemisia campestris*, *Veronica verna* and *V. triphyllos* are all stated by Rouy (Flore de France) to occur over the whole, or almost the whole of France : the presence of such widespread species in England scarcely, therefore, calls for the postulation of a steppe period in Britain, and I believe there is no geological evidence for such a period. It is more likely that the island climate and nearness of the Atlantic ocean prevented it.

Species of this « steppe element » have been investigated by Stomps (1923). Many of them occur in Holland, and appear there to be quite, or mainly, confined to the neighbourhood of the Rhine and other large rivers, growing, one presumes he means, on sandy alluvia laid down by the river. The similarity of certain thin clays in Norfolk and Essex to old Rhine deposits in Holland, has led to the theory that the Rhine flowed as a river across these counties and Suffolk during the first glacial phase. It is suggested that these species reached their habitats in East Anglia along this old Rhine bed. He does not mention the fact that most, or all, of them are widespread in France, but since he suggests that one species, which also occurs in Sussex, may have reached that locality by a different route (from the Mediterranean region through France) he would perhaps postulate a similar different history for the French fragments of the species. One cannot yet regard the history of these species as conclusively settled.

With these may be mentioned the halophytes restricted to the south-east of England, e. g. *Frankenia laevis*, *Suaeda fruticosa*, *Atriplex pedunculata*, *Corynephorus canescens* etc. Whatever the history of these, the group is not uniform, for the *Atriplex* is an eastern species, which in the English Channel reaches its western limit (and is gradually becoming extinct), while the *Suaeda* forms part of Stapf's Southern element. Possibly further study of these and other littoral species may throw light on our problem.

Watson's « *Atlantic* » type consisted of those species which had a distinct tendency to the western side of Britain, some being restricted to the south-west provinces, others occurring further north and east, but decidedly diminishing in abundance in these directions. In 1847 (p. 467), criticising Forbes's paper, he associated with them those western Irish species which Forbes termed « Asturian ». Stapf (1914), shows that both are but fragments of a larger element which is absent from Central Europe, but which is either confined to the west of Europe, or extends further east only along the mediterranean. Stapf calls this the « Southern » element in the British Flora, but since its distribution here is dependent upon the oceanic climate created by the neighbouring Atlantic, and the eastward extension may also be due to the similar climate caused by the Mediterranean Sea, rather than to the more southern latitude, I propose to use the term « Atlantic » as including the whole of Stapf's « Southern » element.

Four of the species confined to the west of Ireland, viz. *Saxifraga Geum* and *S. umbrosa*, *Erica Mackaiana*, and *Pinguicula grandiflora*, are « usually quoted as the most puzzling instances of distribution among the British plants » (Stapf. 525). They, like some other species, are not met with again until we reach the Pyrenees. Most modern authors assume that they could not have survived the glaciation, but those who have primarily studied the Irish Flora hold that they did. Praeger (1909 : 28) says of the Atlantic and American species : — « That these immigrations are preglacial... seems beyond doubt ; and for the present the least difficult explanation of the survival of the Southern forms through the Ice Age, would seem to lie in the assumption of a westward or south westward extension of the seaboard of the British Isles, furnishing ice-free land with a climate milder than that which must have prevailed over the greater part of Ireland at the period of maximum glaciation ».

But it has already been shown that the severe climate is only an assumption, and that actually an Atlantic climate may have prevailed. Given ice-free land in the south-west, and bearing in mind that the glaciers had reached their southern limit and were being melted by the existing climate, the survival of these species may not be as difficult to imagine as has been supposed. Praeger points out the peculiar plants « are not in Ireland lowland or heat loving », that *Dabeocia* ascends to 1900 ft. in Mayo, *Erica mediterranea* to 1000 ft., *Saxifraga Geum* to 2650 ft., *Pinguicula grandiflora* to 2500 ft., and that *Saxifraga umbrosa* « is at home on the highest summits ». I find it noteworthy that *Saxifraga Geum* and *S. umbrosa* from Kerry, brought into my London garden and planted without more protection than giving the former a sunless aspect and the drainage of a low bank green with naturally dissemminated moss sporelings, survived the heavy snows of 1927-8, and the long hard dry frosts of 1928-9, while the other specimens of *Saxifraga umbrosa* from Yorkshire and the Pyrenees were all killed. That the « London Pride » survives easily is beside the point : it is a sterile garden plant, of presumably hybrid origin, quite unlike any wild Irish plant. It may be that the Irish plants are only the hardiest specimens of the pre-glacial stocks, the less hardy individuals having been exterminated. It is also noteworthy that Reid (1911 *a* : 79) — whose work gives evidence of distinct bias when he terms beds « Arctic » merely because they contain fragments of *Betula nana*, although they include numerous ordinary southern English species — has the following sentence hidden in his work (p. 79) : « No fossil arctic plants have yet been found in Ireland ».

That the Atlantic element survived the second (Riss-Wurm) glacial period seems probable. A great part of southern Ireland then remained free, and the Kerry glaciation was purely local, as the researches of Charlesworth (1928) have shown. The real question is whether they survived the earlier glaciation, which in Ireland extended futher south than the later. There are several independent lines of evidence which suggest that there may have been a land extension to the west of Ireland at that period. The much larger American element in the European marine molluscan fauna of the period, together with the relations indicated by the present distributions of floristic and faunistic elements, make me disposed to await some clear evidence of the topographic history of western Ireland before I accept as likely the extermination of southern forms in Ireland during either glacial period (1). There are still obstacles to the acceptance of Wegener's theory as it stands, and also to the views of Forrest (1930)

1. It is becoming evident from archaeological researches that ancient legends generally have some foundation, and the existence at that period of Palaeolithic mand may be responsible for the Atlantis legends. There are, moreover, suggestions of Maya remains in Europe.

that the first phase of glaciation was caused by an ice-sheet originating in mountains of land, now submerged, lying to the north west of the British Isles. He considers that the main Irish ice sheet was not of Irish origin, and was part of an ice sheet which moved (from « Atlantean » mountains) south-eastward right over the Irish plain, the northern Irish sea, and north Wales. It is quite clear that the geologists have not yet completely solved their own problems connected with the Ice Age, and until the evidence is clear I consider it permissible for the botanist to assume, if he wishes, that the southern element survived.

It is difficult, in particular cases, to estimate whether a species may be a survival or a recent immigrant. When *Erythrea portensis* (Brot.) Hoffm. et Lk. was found in Pembrokeshire this point was emphasised (Wilmott 1918 : 323) : had the plant been overlooked or was it a recent arrival ? It is possible that fresh species do arrive by accident from time to time, carried by birds or blown by wind, but the evidence that these methods often carry species over intervening water barriers is rather poor. I am informed that migratory birds arrive here with empty stomachs, and that many legs and feet of water birds have been carefully examined for seeds without any being found. Winds, which when strong are generally southwest winds in the west of Ireland, could scarcely bring seeds from the Pyrenees. A possibly real case of wind dispersal may be the sporadic occurrence of *Orchis hircina* in south England, where it soons seems to die out, favouring the view that such specimens as are found may have originated in seed blown across the Channel. On the other hand, the small colonies of a dozen plants or so, sometimes found close together prove that it does sometimes multiply itself in this country. Further researches into actual facts of plant dispersal are needed before we can satisfactorily estimate the chances of a given species surmounting a water barrier between Brittany and Cornwall or between Ireland and the nearest habitat of a species to the south.

Matthews (1926 : 795), discussing the Irish and Anglo-Irish species from the point of view of the Age and Area hypothesis, concludes that this Atlantic element (and other non-boreal elements) « migrated into these islands after the retreat of the ice... — ...began by establishing itself in the south-west and gradually progressed eastwards ». I have already referred to the existence of a preglacial beach almost on the site of the present beach on both sides of the Channel and in south Ireland. Unless this can be explained in some manner different from the usual, it shows that we cannot postulate land connexions over which species can have migrated in the south-west. Matthew's conclusions therefore appear to me to be untenable, and to be merely another argument against the methods advocated by supporters of the Age and Area hypothesis. In this case again the eastward diminution of the species concerned would appear quite adequately explained by the fact that the climate becomes less and less Atlantic as we proceed eastward.

I cannot here attempt an analysis of the Atlantic element, but a few points must be noted. Stapf (1914) makes the following analysis :

13 species generally found on or near cultivated land
72 littoral species (24 confined to Ireland)
(18 Atlantic — 30 Mediterranean)
on west coasts : 12 Atlantic, 23 Mediterranean.
on east coasts : 11 Atlantic, 19 Mediterranean
on south coasts. 16 Atlantic, 25 Mediterranean
95 non-littoral species
87 In Great Britain : 41 Atlantic, 46 Mediterranean
57 in Ireland : 35 Atlantic, 22 Mediterranean

. . . .

10 (Atl. 8, Med. 2) reach Southern Norway
31 (Atl. 12, Med. 19) reach Belgium or Holland
32 (Atl. 15, Med. 17) reach Normandy
7 (Atl. 15, Med. all) reach Brittany.

But perhaps the most important point to note about the Atlantic element is the number of species which occur in Britain but not in Ireland. If all these Atlantic species are remains of the preglacial flora, why are so many absent from Ireland, if the conditions enabled *Arbutus* for instance, to survive there ? *Arbutus* reaches the Côtes du Nord in France ; why is it not in Cornwall ?

It seems likely that the survival of these species depended on the existence of a few places where local conditions provided a satisfactory harbour, — a port from the storm. For each species the « satisfactory » conditions may well have been slightly different, e. g. Cornwall has no mountains and no limestone. My own picture of the probable history is that the preglacial flora in the south west was only partly driven to extinction at the sea border, the exceptions being the less tender species and such as found a harbour. That survival in some cases was dependent upon such a harbour is, in my opinion, indicated by the fact that in many cases the locality which now provides one of these relics provides others also.

On the other hand, there are, confined to the extreme south-west of England, so many species which also occur just over the Channel in Brittany, that one is tempted to dally with the hypothesis that they may have reached England after the first glacial period, during a warmer post-glacial period, being unable to cross into Ireland owing to the absence of land connexion. It is possible that individual species of the Atlantic element may have different histories and belong to different migrations. It should, however, be noted that Chevalier's list (1923 : 611) of the French Atlantic species contains very many that do not occur in the British Isles. It may be that the absence of a given species in an area is due to some very slight differences in the conditions, the exact nature of which we have not yet ascertained. An apparently suitable habitat may really be an impossible one to the plant.

Natural Selection, during adverse conditions, probably eliminates from the surviving fragment of a species numerous genetic factors which are unfavourable to the chances of survival. All such variants being exterminated, the surviving stock is left less variable, less adaptable ; it is really an eco-subspecies in Turesson's sense. Such a surviving fragment is less likely to spread than the stock from which it originated, because of its lesser adaptability. The difference in adaptability between the two is like that between a youth and a man of late middle age, and one may postulate for species or their fragments a youth phase and a senile phase. It may be for this reason that so many species, which are clearly relict, have such local distributions in areas apparently more widely suitable to them. A more thorough knowledge of the British flora from this point of view may possibly enable us to distinguish in some cases between the glacial survivals and post-glacial immigrants.

Another feature of the Atlantic element is its high proportion of littoral species. If we were to include as littoral those species of Stapf's list which though not strictly littoral, are only found in counties with a sea coast, the list of non-littoral species would be very considerably diminished. This fact corroborates the view that it is not so much the temperature that controls the distribution of these Atlantics, as the atmospheric humidity. Fuller analysis of the individual requirements of the various species of this element and of their exact distributions, might lead to interesting results.

Watson's seventh type included the very « *local* » species so restricted in the British Isles that he could not refer them to one of the other types. It is an obvious mixture which contains, however, many species whose occurrence may throw light on our problem, for they are of the type which has been termed « dealpine » (Domin 1922). In Czecho-Slovakia there are numerous « species that during the Glacial period, in many cases during the greatest extent of the glaciers, settled in lower locations and survived to the present day as memorable relics of the Glacial period. These are *relic dealpines*, which are abundant in the warm limestone hills of central Europe, where their occurence has no connection with their habitat in the high mountains. »

« ...Various alpine species found a refuge on our territory, of which some, especially lime-loving species, survived here even in the subsequent rise of temperature during the post-Glacial period and to this day grow here on low and warm habitats... in great abundance, though by their origin they belong to the high alpine regions. » Associated with them may be species which are termed « prealpines », which are « a thermophilous element, whereas the dealpines are on the contrary an element from the cold high-mountain zones » (Schustler ; ex Domin 1922 : 63). This association of thermophilous and alpine species is reminiscent of what is today found in the west of Ireland, although in this case the thermophilous species are Atlantics. But here, as in Czechoslovakia, the dealpine rarities are characteristics of limestone localities. *Cotoneaster integerrima* on the Great Orme's Head, *Helianthemum canum* on the same rock and a few similar stations, notably in Teesdale as already mentioned, *Koeleria vallesiana* (All.) Bertol. on Brean Down in Somerset, where it grows with the thermophilous *Helianthemum polifolium*, perhaps *Dianthus caesius* at Cheddar and *Draba aizoides* in Glamorgan, and other similar cases, are presumably of the same type as Domin terms dealpines. If they are survivals from the height of glaciation in Czechoslovakia, it makes stronger the claim that they are aqually survivals here. *Hypochoeris maculata* is another which occurs on Great Orme's Head, in Kynance Cove in Cornwall, on the *chalk* in Hertfordshire, and on the northern cliffs in Jersey (in which island so many thermophilous Atlantic species survive).

Domin (1923 : 56) states that « *Sesleria* meadows on rocky terrain in Czechoslovakia are genetically dealpines... associations that have survived the glacial period ». I cannot therefore doubt that the *Sesleria* on the Yorkshire limestone rocks similarly survived the glaciation. If this be so, the *Actaea spicata* and other species which have been referred to as an « Intermediate » type (between the English and Scottish types), confined to the North of England, are similar survivals. There is probably some characteristic of limestone habitats which enables these species to withstand glaciation : possibly the good drainage which keeps them from « damping off » during alternating thawing and freezing in the manner so well known to, and abhorred by, horticulturalists who specialise in rock gardens and alpines. In the British Isles so many of these limestone rarities are of « prealpine » (i. e. thermophilous) type rather than dealpine : e. g. *Bupleurum opacum* and *Trinia glauca* on the limestone of Berry Head, Devon, and numerous other cases which a thorough analysis of the British Flora would show. If they are regarded as relics, it is in this article sufficient to explain the type.

A few species belong to an « *American* » type. These are *Eriocaulon septangulare*, of the west of Ireland, Hebrides and Skye, *Sisyrinchium angustifolium* of the west of Ireland, *Spiranthes stricta* Rydb. (*S. Romanzoffiana* of most of America, but ? of Alaska) from Lough Neagh and *S. gemmipara* Sm. from the South-west of Ireland, and *Naias flexilis*, from a few localities in Ireland, Scotland, and England. The *Naias* occurs in scattered localites in the west of Europe, the remainder are confined to the British Isles. Are they survivals or immigrants ? I would certainly postulate the former, but, if this be so, why are there not more ? Perhaps there are more and the fact has been overlooked. There is a very large number of species common to the two continents ; is it only because these Irish-American species are rare that they seem so anomalous ? Even so, their rarity requires explanation, since most of the other species are very common. Further analysis of the element common to the two continents may throw light on the matter. The number of these species is certainly in favour of the supposition of a relatively recent separation of the continents, whether as Wegener suggests (1), or by gradual submergence. It should be noted that of these four species, two are water plants, which might be protected by a covering of ice so long as the habitat were not frozen solid, and the others are geophilous plants. *Spiranthes stricta* survived the two hard winters already mentioned, sunk in a pot in my garden.

Endemic species.

Boulger (1921 : 56) says « It is doubtful whether we have any endemic species of flowering plant in the British Isles ». It is not in the least doubtful : we have several. It is immaterial whether they are « big » species or « small » species : they are plants not known to occur outside the British Isles. They therefore cannot have immigrated to the Islands, unless we suppose that some catastrophe since their immigration has destroyed each of them on the continent. If their immigration were post-glacial, we cannot postulate this explanation for all cases. They must either have originated here since the glacial period, or have survived that period in the British Isles.

The list of micro-endemics given by Chevalier (1923 : 620) needs severe editing. Some can be omitted forthwith, without discussion of their value, since the species were originally described from non-British material. These are *Euphrasia curta* (Fr.) Wettst., *E. arctica* Lange, *Polygonum aequale* Lindman and *P. calcatum* Lindman. Some others are well-known continental species under a name unfamiliar to him. These are *Orobanche elatior* Sutton, which is Coste's *O. major* « L. » ; *Calamintha silvatica* Bromf., which is *C. officinalis* « Moench » ; *Statice binervosa* G. E. Smith, which is *S. occidentalis* Lloyd ; *Orchis ericetorum* Linton which on the continent is often considered the typical *O. maculata* « L. », and *O. praetermissa* Druce, which is one of the plants confused on the continent under the name of *O. incarnata* « L. ». Several are quite wrongly referred by him to « big » species. For instance, *Ranunculus scoticus* is entirely unrelated to *R. gramineus* L. and is probably not distinct from the variable *R. Flammula* ; *Fumaria occidentalis* Pugsley is nearer to *F. agraria* Lag. than to *F. capreolata* W. and is therefore probably not a « *micro* endemic ». Of the remainder, *Brassica Briggsii* Watson is regarded by British botanists as only a variety of *B. Rapa*, and Chevalier also notes it for France. *Primula scotica* is wele

1. Not having occasion to mention it elsewhere. I would like here to suggest that the curious fact that both European and American Eels migrate annually to the same breeding place in the neighbourhood of the Bermudas may be due to the fact that long ago this breeding place was just off the coasts. As the distance from the coast increased (on Wegener's hypothesis) they continued to return to the same area, year after year, until the distance to be traversed reached the amazing extent of the present migration.

known in Scandinavia. *Salicornia gracillima* Woods, and *Orchis purpurella* Stephenson belong to groups still insufficiently known abroad for them yet to be definitely classified as endemics. *Sedum Drucei* Graebner is very doubtfully distinct from *S. acre*. *Agropyron Donianum* B.-White, (and similarly *Sagina Boydii* B.-White) was found once and never rediscovered : it has been regarded as perhaps an abnormality (the *Sagina*, though still in cultivation, has never produced seed). *Carex Grahami* and *C. Sadleri* may be of hybrid origin.

But although the list of endemics may be minimised, several good cases remain to be considered.

Fumaria occidentalis Pugsley is an absolutely distinct species restricted to Cornwall, belonging to the same section as the mediterranean *F. agraria* Lag. It could not have originated from the other British species, but if, during a warm interglacial period, *F. agraria* reached England, it could possibly have originated from *F. agraria* × *capreolata*. I consider that there is relatively little migration of species during periods of relatively stable climate. The ground is so thickly populated, and the associations are so « closed », that it is difficult for alien species to get any foothold But in times of climatic change, as, for instance, during a retreat of ice after glaciation, there is much more bare ground or open association, and rapid migration is possible until competition again becomes severe. That competition does act in this way is certain : *Carex rigida*, planted in a southern English meadow, survived in good health while a little bare soil was kept surrounding it, but disappeared so soon as it was neglected. It seems possible that during rapid migration species may come together which at other times are kept separate, and from such intermingling new forms of hybrid origin may arise. It may be that some « micro-endemics » may owe their origin to some such cause.

Fumaria purpurea Pugsley is our only widespread endemic. It is common in Ireland, and in Britain occurs in the western parts of the island from Cornwall to the Orkneys. It may have originated from *F. Boraei* × *capreolata*, but if so, it is interesting that it does not occur in France.

Arabis Brownii Jord. (*A. ciliata* auct. angl.) is probably confined to the west of Ireland. It is one of a group of subglabrous relatives of *A. hirsuta*, another being the alpine *A. ciliata* (Reyn.) R. Brown emend., = *A. arcuata* Shuttlew., and perhaps a third being the plant known as *A. hirsuta* var. *glabrata* Retz. (A. *Retziana* Beurl.). The last named has a curious distribution along the coasts of the southern parts of the Baltic Sea, and reaches the south of England and perhaps South Wales. It seems possible that these are all relics descended from a previously wide-spread ancestor. In any case the distribution is of « relict » type, and one need not expect to discover continental stations for *A. Brownii* from which it could have immigrated. It therefore seems probable that this species survived glaciation in Ireland.

Cochlearia. The « species » of this genus are very « critical ». *C. alpina* and *C. micacea* are not known outside the British Isles, and *C. groenlandica* auct. angl. (which, except perhaps in Orkney, is certainly not *C. groenlandica* L.) may also be endemic. But it is doubtful how far these names refer to single forms. Cytological work on the genus (Crane et Gairdner 1923) has done something to elucidate the relationships and constitution of some of these forms, and until they are better known, little weight can be given to evidence taken from them. They, like the endemic forms of *Rubus*, *Rosa*, *Hieracium*, *Euphrasia*, *Thalictrum*, etc., may have had hybrid origin, either during unusual mingling of species or continuously until the present time.

Sorbus minima (Ley) Hedlund is a small tree restricted to a single hill in Brecon (S. Wales). In my opinion it is as nearly related to *S. scandica* (Fr.) Asch. as to *S. Aria*, and seems to be a relic similar to *S. arranensis* Hedlund. The latter has been recorded for Scandinavia, but the only Scandinavian material I have been able to see is not identical with the Arran plant. There are other peculiar forms of *Sorbus* (*S. anglica* Hedl. and *S. porrigens* Hedl.), related to *S. Aria*, which appear also to be endemic. They all may be of hybrid origin, but since *S. scandica* is not native in these Islands, the first two must be of ancient origin. It is difficult to suppose that a tree could have in Arran survived the maximum glaciation, but perhaps even this might have occurred, in a sheltered situation, if the climate actually was « Atlantic ». *S. minima* has such an aspect near the southern limit of glaciation, and *S. arranensis* would have full benefit of oceanic climate. It should be remembered that the Riss-Wurm glaciation was in Britain much less severe than the earlier Gunz-Mindel, and if these forms originated after the earlier phases of glaciation, they could much more easily have survived the later phases. It is, however, interesting to find that in the recent memoir on the geology of Arran, Tyrrell states (1928 : 260) — « we have clear evidence that the ice-sheet *coasted* the high ground instead of going over it », and « it... becomes pretty clear that the high mountains of Arran were not overridden by the general ice-sheet ». It is precicely in this ice-free area that *Sorbus arranensis* occurs.

Statice. This genus abounds in species of restricted distribution. *S. recurvum* Salmon is restricted to a single locality in Dorset, and *S. transwalliana* Pugsley, to a single locality in Pembroke. Being plants of coastal cliffs they also could have survived if the glacial climate were « Atlantic », and both are found in areas where species of the « Atlantic » element occur.

Ulmus. The « Small-leaved Elm », *U. sativa* Mill. sec. Moss, is native in East Anglia, and so far is not known outside England. Since the genus *Ulmus* has not, until relatively recent years, been very critically studied, it is possible that further research may reveal this species on the continent, but at present it must be classed as endemic. *Ulmus campestris* L. emend., Moss is also not known on the continent except as a planted tree, and appears to be native in the south of England. Since *U. stricta* Lindl. is confined to south-west England and north-west France, it appears likely that these Elms are really endemic « micro-species ». If *Quercus* persisted in southern England during glaciation, these could also have done so.

Pinus. The « Scot's Pine » is by some considered to be an endemic variety, *P. sylvestris* var. *scotica* Elwes et Henry (1908 : Trees of Great Britain and Ireland vol. 3, p. 573). Since *P. sylvestris* is not native in the south of England, where it is now so abundant on light sandy soils, it seems probable that the var. *scotica*, if endemic, survived the last glaciation. But since it appears to have been non-existent in Scotland during Lewis's « earlier forestal » period, a study of its development and distribution in British peat shonld be interesting.

Summing up the evidence from endemic plants, it seems probable that some, and perhaps all, survived at least the later glaciation in the British Isles. The affinities of *Fumaria occidentalis* appear to put any other explanation out of court.

To me, they *prove* the survival of Atlantic species in Britain during glaciation : for a long time I have been unable to see any other possible explanation of the existence of some of them. In addition, it should be noted that they occur in or near those areas which remained ice-free throughout the glaciations. Even *Sorbus arranensis* has proved to be no exception to this rule, and in every case of apparent survival that I have recently investigated, I have found that modern geological investigation, if existant, provides support for the views put forward in this paper.

Conclusion.

When requested a few weeks ago to supply a paper on the British Flora and its relation to the Flora of the neighbouring lands, I was already convinced that the peculiarities of distribution shown by many species excluded any theory of complete extirpation. I had not read the geological evidence, but was convinced that if geologists demanded the acceptance of the idea of extirpation, they would have ultimately to find some other explanation of the Ice Age. The perusal, in the available leisure time of a few weeks, of the enormous literature connected with this subject, has perforce been fragmentary, hurried, and insufficiently digested. The geological evidence had first claim on my time, since it was necessary to discover the precise evidence in opposition to any theory of survival. I have read Wright's work thoroughly, and such other papers as are here cited, and in consequence the time available for analysis of the flora has been very little. Much further work of verifying the distributions, and especially of verifying the identity of the plants recorded under the same names, needs to be done before a satisfactory article on the subject can be written. The consequence must be that errors and omissions will be found, together with much to be criticised in the present production. But I should be grateful for any suggestions, references, and criticisms, which may enable a more satisfactory account to be written later. My aim has been to destroy the unhesitating assumption of the extinction of the flora, an assumption found, generally unsupported by any definite evidence, in most works dealing with this subject. If I have succeeded in forcing geologists to reconsider their evidence, the object of the present contribution will have been attained.

How much was exterminated and how much survived, what has immigrated and how, and other similar problems, must be left for a much more detailed survey of the available facts. « As soon as the safe ground of facts is left behind it is very easy to go astray and fall into speculations that may be very ingenious but (which) as a rule only tend to complicate and obscure our general idea of the evolution of the earth's vegetation since the Tertiary period » (Domin 1922 : 61). With this view I entirely agree, and if I have here unduly speculated I can only say that it is not always possible to think without speculating. It is only *assumed* that the glacial period was a period of intense cold, and from the point of view of Simpson's theory it may be possible to consider that assumption an unwarrantable speculation. Simpson shows that the other explanations of the Ice Age do not fit the available facts. His theory is simple and, so far as I can see, does fit the facts very nicely. It certainly fits the assumption of the survival of Atlantic species, and the peculiarities of distribution which were otherwise, as Praeger insists, even more difficult to explain as consequences of post-glacial immigration, than as survivals in spite of an Ice Age. Leverett (1930 : 486), reviewing the various theories of the Ice Age mentioning Simpson's theory, merely says that it is « not so easy to dispose of it », but has no word to say against it. At the moment I am disposed to think that it may pave the way for a better understanding of the geological evidence as well as for the acceptance of the view which is here advocated, i. e. the survival of much of the British Flora in the British Isles throughout the Ice Age.

LITERATURE CITED

Boulger (G. S.) : 1920 ; The Eastward Extension of the Lusitanian Florula : in Trans. S. E. Union of Sc. Soc., pp. 49-60.

— 1921 ; The Origin of the British Flora : in Trans. S.-E. U. Sc. Soc., pp. 55-63.

Charlesworth (J. K.) : 1928 ; The Glacial Retreat from Central and Northern Ireland : in Quart. Journ. Geol. Soc., vol. 84, pp. 293-341.

Chevalier (A.) : 1923 ; Rapports entre la végétation de la Normandie et du Massif Breton et celle de la Grande-Bretagne : in Bull. Soc. Bot. France, vol. 70, pp. 598-623.

Colgan (N.) et Scully (R. W.) : 1898, Cybele Hibernica, ed. II, pp. XL-LXX. Dublin.

CRANE (M. B.) et GAIRDNER (A. E.) : 1923 ; Species-crosses in *Cochlearia*, with a preliminary account of their Cytology : in Journ. Genetics, vol. 13, pp. 187-200.

DOMIN (K.) : 1922 ; On Dealpine Types : in Act. Bot. Bohem., vol. I, pp. 60-63.

— 1923 ; Is the Evolution of the Earth's Vegetation Tending towards a Small Number of Climatic Formations : in Act. Bot. Bohem., vol. 2, pp. 56-60.

ENGLER (A.).: 1879 ; Versuch einer Entwicklungesgechichte der Pflanzenwelt, vol. I, p. 175.

ERDTMAN (G.) : 1928 ; Studies in the Postarctic History of the Forests of North-western Europe i. Investigations in the British Isles : in Geol. Fören. Stockh. Förhandl., vol. 50, pp. 123-192.

FERNALD (M. L.) : 1925 ; Persistence of Plants in Unglaciated Areas of Boreal America : in Mem. Amer. Acad. Arts and Sci., vol. 15, nº 3.

FORBES (E.) : 1845 ; On the Distribution of Endemic Plants, more especially those of the British Islands, considered with regard to Geological changes in British Assoc., Transactions, pp. 67-68.

— 1846 ; On the connexion between the Distribution of the Existing Fauna and Flora of the British Isles and the Geological Changes which have affected their Area : in Mem. Geol. Survey. Gt. Britain, vol. I, pp. 336-432.

FORREST (H. E.) : 1930 ; A Probable Cause of the Great Ice Age (from the author).

GOOD (R. d'O.) : 1928 ; Notes on a Comparison of the Angiosperm Floras of Kent and Pas-de-Calais : in Journ. Bot. ,vol. 66, pp. 253-264.

GOODCHILD (J. G.) : 1902 ; The Origin of the British Flora : in Trans. Bot. Soc. Edinb. vol. 22, pp. 234-248.

LEVERETT (F.) : 1930 ; Problems of the Glacialist : in Science N. S., vol. 71, pp. 47-57.

LEWIS (F. J.) : 1907 ; The Sequence of Plant Remains in the British Peat Mosses : in Science Progress, vo. 2, pt i, pp. 307-325.

MAC VICAR (S. M.) : 1910 ; The Distribution of Hepaticae in Scotland : in Trans. Bot. Soc. Edinb., vol. 25.

MARR (J. E.) : 1917 ; Submergence and glacial climates during the accumulation of the Cambridgeshire Pleistocene Deposits : in Proc. Cambr. Phil. Soc., vol. 19, pp. 64-71.

— 1920 ; The Pleistocene Deposits around Cambridge : in Quart. Journ. Geol. Soc., vol. 75, pp. 204-229.

MATTHEWS (J. R.) : 1923-1926 ; The Distribution of Certain Portions of the British Flora : in Ann. Bot.

— 1923 : I. Plants retricted to England and Wales : in vol. 37, pp. 277-298.

— 1924 ; II. Plants restricted to Scotland, England, and Wales : in vol. 38, pp. 707-721.

— 1926 ; III. Irish and Anglo-Irish Plants : in vol. 40, pp. 773-797.

MOSS (C. E.) : 1914 ; Chap. III of « The Oxford Survey of the British Empire, vol. 1.

PRAEGER (R. Ll.) : 1909 ; A Tourists Flora of the West of Ireland. Dublin, p. 28.

— 1910 ; The Wild Flowers of the West of Ireland and their History : in Journ. Roy. Horticult. Soc., vol. 36, pp. 299-306.

REID (C.) : 1911 ; *a*) The Origin of the British Flora. London.

— 1911 *b* ; in Report British Association (Portsmouth), pp. 573-577.

— 1913 ; Submerged Forests. Cambr. Univ. Press.

SIMPSON (G. C.) : 1929 ; Past Climates : in Manchester Memoirs, vol. 74, nº 1.

STAPF (O.) : 1914 ; The Southern Element in the British Flora : in Engl. Bot. Jahrb., vol. 50 (Supplem. Fest-Band für A. Engler), 509-525.

STOMPS (T. J.) : 1923 ; A Contribution to our knowledge of the British Flora : in Recueil trav. bot. néerland., vol. 20, pp. 321-336.

TYRRELL (G. W.) : 1928 ; in Mem. Geol. Survey, Scotland.The Geology of Arran.

WATSON (H. C.) : 1835 ; Remarks on the Geographical Distribution of British Plants. London.

— 1847 ; Cybele Britannica ; 4 vols. London.

WILMOTT (A. J.) : 1918 ; *Erythrea scilloides* in Pembrokeshire : in Journ. Bot., vol. 56, pp. 321-323.

— 1927 ; Collecting in Spain from a Motor-car : in Journ. Bot., vol. 65, p. 298.

WRIGHT (W. B.) : 1914 ; The Quaternary Ice Age. London.

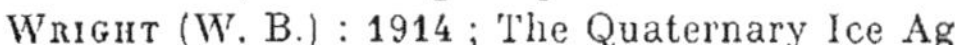

ACHEVÉ D'IMPRIMER
LE 30 DÉCEMBRE 1930
PAR
JOUVE & Cie, IMPRIMEURS
15, RUE RACINE, PARIS

M. PAUL LECHEVALIER, ÉDITEUR
LIBRAIRE POUR LES SCIENCES NATURELLES
12, RUE DE TOURNON, PARIS

www.ingramcontent.com/pod-product-compliance
Ingram Content Group UK Ltd.
Pitfield, Milton Keynes, MK11 3LW, UK
UKHW022102260726
13993UKWH00001B/273

9 782329 178844